Esperamos que os sirva de ayuda…

ÍNDICE

Introducción

Los test rápidos son una forma sencilla de ayudar en el diagnóstico de algunas patologías, en las que por sí mismas o por su fácil transmisión, conviene poner en marcha de forma temprana ciertas actuaciones. La positividad de los resultados en un test rápido obligaría al establecimiento urgente de un tratamiento dependiendo de la gravedad de la enfermedad. Es por eso que el laboratorio de urgencias constituye un eslabón muy importante para la puesta en marcha de protocolos aplicables en el tratamiento de éstas enfermedades.

Podemos detectar distintos agentes patógenos ya sean virus o bacterias. Los tipos de muestras que podemos recibir en el laboratorio para la realización de test rápidos, dependerán del tipo de microorganismo productor de la patología que se sospeche o se quiera descartar, de donde se establezca dicho microorganismo y del tracto del organismo al que afecte la enfermedad, todo esto puede facilitar o dificultar su detección. Así nos encontramos muestras del tracto respiratorio, urogenitales, gastrointestinales, torrente sanguíneo, líquido cefalorraquídeo, etc. Nos centraremos en éste libro en ladetección mediante test rápidos de algunos de los microorganismos que afectan sobre todo al tracto respiratorio.

En general, estas técnicas de diagnóstico rápido se basan en la detección de antígenos y de ácidos nucleicos o en la detección de la respuesta inmunológica. Si bien la detección de ácidos nucleicos no está al alcance de todos los laboratorios, las técnicas de detección de antígenos no requieren tecnología ni equipos especiales y son fáciles de realizar. Utilizando reacciones inmunológicas antígeno-anticuerpo puede hacerse una detección directa del microorganismo o de alguna parte de él presente en la muestra. Así nos encontramos con la inmunofluorescencia directa, la aglutinación con partículas de látex, el enzimoinmunoensayo y la inmunocromatografía. Otras técnicas de diagnóstico rápido basadas en la detección de anticuerpos principalmente han demostrado ser muy útiles en el diagnóstico de determinadas enfermedades infecciosas.

También se pueden detectar los microorganismos que están produciendo la patología con otras técnicas, como son por ejemplo algunas tinciones y técnicas que se pueden realizar en el laboratorio de urgencias pero que no trataremos en éste libro. Nos centraremos en algunos de los test rápidos para detectar infecciones por microorganismos usuales y para los que pueden utilizarse muestras respiratorias, de orina y líquido cefaloraquideo (LCR).

Capítulo 1

Consideraciones generales y fases del procesamiento de muestras microbiológicas en el laboratorio de urgencias.

Aunque procesemos las muestras microbiológicas en un laboratorio de urgencias en lugar del laboratorio de microbiología, las precauciones y procedimientos siempre han de ser lo más asépticos posible y tomando las medidas oportunas para evitar cualquier posible contagio o transmisión, activa o pasiva, de los microorganismos patógenos que podamos encontrar en las muestras.

Lo primero que tenemos que tener en cuenta siempre que estemos trabajando con muestras biológicas es que las consideraremos todas como potencialmente patógenas, de ésta manera se tomarán siempre las siguientes precauciones:

- Utilización de medios de protección personal como son uniformes, guantes, batas, mascarillas, gafas de protección, etc., que forman parte de los Epis (equipos de protección personal).
- Usaremos de forma adecuada los instrumentos para el procesamiento y conservación de muestras como son las campanas de flujo laminar, frigoríficos, centrífugas, estufas, etc.
- Utilizaremos siempre que sea posible herramientas desechables y/o estériles como pipetas, tapones, tubos, etc.
- Mantendremos la limpieza adecuada y usaremos los elementos pertinentes para eliminar cualquier derramamiento, desbordamiento o salpicadura.
- Evitaremos la formación de aerosoles y/o su dispersión.
- Y por supuesto, tendremos en cuenta todas aquellas recomendaciones y obligaciones que se recogen en la Ley de Prevención de Riesgos Laborales 31/1995, de 8 de noviembre; Real Decreto 664/1997, de 12 de mayo, sobre la protección de los trabajadores contra los riesgos relacionados con la exposición a agentes biológicos durante el trabajo; Directiva 2000/54/CE del Parlamento Europeo y del Consejo, de 18 de septiembre de 2000, sobre la protección de los trabajadores contra los riesgos relacionados con la exposición a agentes biológicos durante el trabajo; Ley 54/2003, de 12 de diciembre, de reforma del marco normativo de la prevención de riesgos laborales entre otras.

Las fases que tendremos que seguir cuando llega una muestra al laboratorio comprenden la aceptación y el rechazo de la muestra, la recepción y valoración de la misma, su procesamiento y su conservación.

A) Criterios de aceptación y rechazo de muestras

El laboratorio de urgencias y/o de microbiología debe determinar, una vez recibida la muestra si esta cumple con los requisitos para ser procesada. Estos requisitos incluyen entre otros, una correcta identificación, tipo de muestra adecuada para la petición, y condiciones adecuadas de transporte y conservación durante el mismo. Es necesario que cada laboratorio establezca y difunda a los servicios peticionarios sus propios requisitos de la aceptación de una muestra para estudio microbiológico.

En el caso de producirse alguna incidencia con respecto a los criterios aceptación, el laboratorio debe disponer también de un sistema de registro de estas incidencias en el que figure la muestra implicada, la persona que realiza la recepción de la muestra, el tipo de incidencia, la persona con la que se contacta del servicio solicitante y la resolución de la incidencia (si la muestra no se procesa, si finalmente se decide su procesamiento y en qué condiciones, etc.).

Entre las incidencias más frecuentes en la llegada de una muestra al laboratorio nos podemos encontrar:

- Muestra deficientemente identificada:

En éste caso no se debe aceptar una muestra sin identificar, mal identificada o en la que no coincidan la identificación del volante de petición con la de la muestra. Deberemos contactar lo antes posible con el servicio peticionario haciéndole saber que procedan a la correcta identificación de la muestra. Si se puede recoger otra muestra, se solicitará nuevamente.

Dependiendo de la importancia de la muestra, se puede optar por su procesamiento antes de la correcta identificación con el objeto de que no se deteriore.

- Muestras derramadas:

No se aceptarán muestras claramente derramadas y se solicitará una nueva muestra. De no ser posible la recogida de una nueva muestra, desinfectaremos externamente el envase o trasvasaremos la muestra a un contenedor estéril, indicando en el informe que la muestra estaba derramada y que los resultados deben ser interpretados con la debida precaución.

- Transporte y/o conservación inadecuados durante el mismo:

Si no se cumplen los requisitos de transporte y conservación designados por el laboratorio, se sebe solicitar nueva muestra. En el caso de muestras que no se puedan volver a recoger (por ejemplo: muestras quirúrgicas) se puede optar por procesarlas informando por escrito al servicio solicitante de la incidencia en la recogida/transporte de la muestra y alertando de que los resultados obtenidos deben ser interpretados con la precaución correspondiente.

En el caso de que el transporte deficiente invalide totalmente el estudio o test microbiológico solicitado (por ejemplo, muestras en formol), no se aceptarán estas muestras y se informará al servicio solicitante de que la muestra no es adecuada y no puede procesarse.

B) Recepción de la muestra y evaluación de la misma

Tras registrar la entrada de la muestra en el laboratorio, hemos de determinar si las muestras cumplen o no los requisitos de calidad necesarios para ser procesadas. Por supuesto dentro de éstos requisitos se incluye la correcta identificación de las muestras, deberemos valorar si existe una cantidad adecuada para el estudio solicitado y como no, tenemos que comprobar si las condiciones de transporte y conservación durante el mismo han sido las adecuadas. Cada laboratorio debe elaborar y distribuir los criterios de aceptación y rechazo de las muestras a los distintos servicios que puedan solicitar las pruebas e informarles si no se cumple alguno de los criterios requeridos.

C) Procesamiento

Llegados a éste punto y con las muestra registradas y evaluadas, nos dispondremos a realizar su preparación. Debemos tener siempre en cuenta que es posible que no sólo requieran procesamiento por parte del laboratorio de urgencias, sino que también es posible que se tengan que realizar otro tipo de estudios o pruebas a la misma muestra por parte del laboratorio de microbiología u otros, como puede ser la realización de tinciones, la inoculación en los medios de cultivo para su posterior incubación, etc. También tenemos que considerar en este proceso el tipo de muestra enviada, el diagnóstico clínico del paciente y la petición solicitada. Además el tipo de muestra enviada determina si requiere o no pretratamiento (centrifugación, homogeneización).

El laboratorio debe informar a los servicios a cerca de qué microorganismos son detectados a través de los test rápidos (cartera de servicios o catálogo de pruebas), de la rapidez diagnóstica de los test y de cómo han de identificarse, recogerse, y conservarse para el transporte al laboratorio las muestras necesarias para realizarlos.

D) Conservación de muestras

Igual que es importante la conservación de las muestras para el transporte, también lo es conservar las muestras una vez procesadas. Puede ser necesario realizar más estudios complementarios a una muestra utilizada para la realización de un test rápido y/o realizarse cualquier comprobación de resultados, por lo que se debe guardar en condiciones las condiciones adecuadas.

Es recomendable mantener las muestras conservadas dependiendo de la muestra y/o de lo solicitado en la petición. Así pueden conservarse a temperatura ambiente, en estufa de 35-37°C, en nevera de 2-8°C, o congeladas a -20°C o a -70°C durante un tiempo tras su procesamiento. El tiempo de conservación debe ser aquél que garantice el estado adecuado de la muestra por si fuera necesario repetir el procedimiento, hubiera habido algún error en la interpretación de los resultados o fuera necesario un nuevo procesamiento.

Se recomienda guardar tanto las muestras procesadas como las rechazadas (no procesadas). El tiempo mínimo oscila entre 1-3 días, pero dependiendo de si se recibió y conservó con medio de transporte, según el medio de transporte utilizado y la temperatura de conservación, ese tiempo puede verse ampliado o reducido.

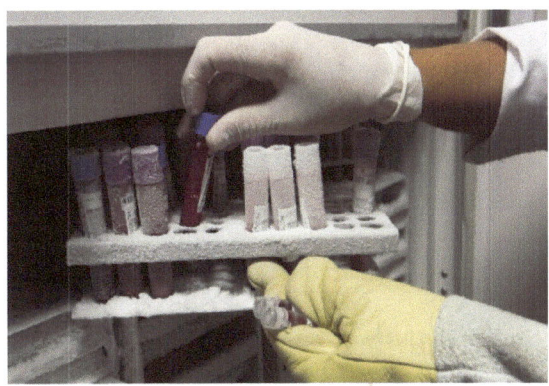

Congelador para conservación de muestras

Capítulo 2

Virus respiratorio sincitial (VRS o RSV)

El virus respiratorio sincicial (VRS) es un virus RNA que pertenece a la familia de los virus Paramyxoviridae. Es altamente contagioso, puede sobrevivir hasta 7 horas en superficies no porosas y en las manos al menos durante media hora. Su contagio se produce por contacto directo a través de las secreciones nasofaríngeas de los individuos infectados o a través de las gotas de saliva. Sus puertas de entrada suelen ser la conjuntiva ocular y la mucosa nasal y oral, aunque también es posible su transmisión a través de las manos o por contacto con objetos contaminados. La eliminación de virus a través de las secreciones de los pacientes puede durar de 3 a 8 días y en los lactantes muy pequeños se puede prolongar hasta 3 ó 4 semanas.

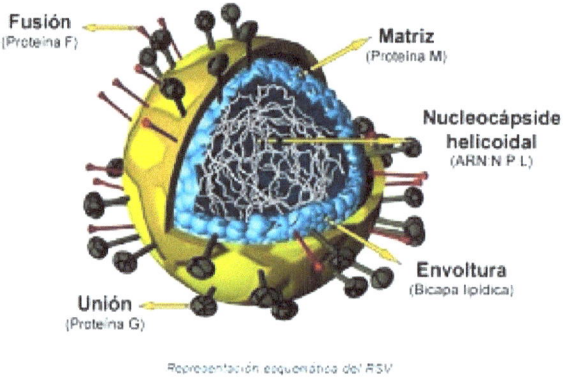

Estructura virus respiratorio sincitial

Las secreciones de las vías respiratorias altas están muy cargadas de virus y son muy contagiosas, por eso hay que extremar las medidas higiénicas cuando procesamos las muestras respiratorias, ya que la contaminación de las manos y objetos que han estado en contacto con estas secreciones son un vehículo idóneo para su propagación. Por esta razón es muy importante el lavado de manos, el uso de guantes, batas protectoras, etc.

El VRS puede encontrarse en cualquier parte siendo capaz de causar grandes epidemias de bronquiolitis y neumonías. Especialmente afecta a niños pequeños y ancianos en todo el mundo, y en España tiene su principal incidencia en los meses de invierno como en el resto de países del hemisferio norte. En los niños menores de un año la primoinfección suele producir infecciones graves de las vías aéreas inferiores y es responsable del 50% de las bronquiolitis y del 25% de las neumonías.

Dentro de los grupos de alto riesgo para contraer ésta infección también hemos de tener en cuenta a las personas inmunocomprometidas y enfermos cardiopulmonares en las que la infección puede ser muy grave con independencia de su edad. En los adultos y niños mayores, la infección puede pasar por un resfriado o ser asintomática.

Las situaciones de riesgo para el desarrollo de formas graves de infección por VRS son: prematuridad, enfermedades congénitas (cardiopatías, neumopatías, inmunopatías, etc.), niños menores de 6 meses y niños con factores de riesgo social entre otros.

A) Principio de la prueba:

Dentro de los test rápidos para detección de VRS encontramos de diferentes laboratorios o casas comerciales que se basan en las reacciones antígeno-anticuerpo. En el inmunoensayo que aquí describimos buscamos antígenos de VRS en muestras nasofaríngeas humanas. En la membrana del test están fijados anticuerpos monoclonales frente a los antígenos que buscamos en la muestra.

Durante el proceso, la muestra reacciona con partículas que tienen en su superficie los anticuerpos anti-VRS, formando un conjugado. La mezcla se mueve por la membrana por acción capilar. Si en la muestra hay antígenos de VRS, los anticuerpos específicos de la membrana reaccionarán con la mezcla de conjugado y aparecerán unas líneas coloreadas. Una de ellas corresponderá a la línea de control, la otra será visible o no dependiendo de la presencia o no de antígenos de VRS en la muestra.

Podemos realizar el test VRS en dos tipos de muestras:

- Exudados nasofaríngeos normalmente de adultos o niños grandes o
- Lavados nasales normalmente en niños

B) Recogida de las muestras:

Para la recogida del **exudado o hisopo nasofaríngeo** doblamos el hisopo ligeramente para introducirlo en la cavidad nasofaríngea a través de uno de los orificios nasales hacia la nasofaringe posterior. Lo rotamos varias veces para obtener células infectadas y repetimos el mismo procedimiento en ambos orificios.

Para la recogida del **aspirado o lavado nasofaríngeo** necesitaremos un aparato de succión y catéter estéril de succión. Vertemos poco a poco varias gotas de solución salina dentro de cada orificio. Colocamos el catéter atravesando uno de los orificios nasales hacia la nasofaringe (misma distancia hasta el oído). Aplicamos una ligera succión y realizando un movimiento rotatorio, extraemos el catéter. Repetimos el mismo procedimiento en el otro orificio nasal.

Es importante enviar la muestra al laboratorio lo antes posible ya que con el tiempo disminuye la sensibilidad del test, aunque para el transporte y para el almacenaje se enfría la muestra a 2º- 4º C.

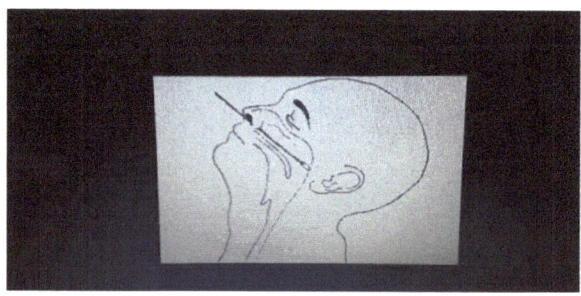

Recogida de exudado nasofaringeo

C) Procedimiento:

Tanto los test como las muestras y diluyentes deben atemperarse antes de utilizarlos (15º- 30º C), y no se debe abrir el envase hasta que se vaya a realizar la prueba.

Para procesar el **hisopo nasofaríngeo** dispensamos 15 gotas de reactivo en un tubo de ensayo, introducimos el hisopo, mezclamos y rotamos para extraer la mayor cantidad posible de líquido a partir del hisopo, para así obtener la mayor cantidad de células recogidas con él. Por supuesto utilizaremos un tubo distinto para cada muestra.

Sacamos el VRS card (tarjeta de reacción) del envase y lo usamos lo más pronto posible. Dispensamos 5 gotas de la muestra homogeneizada en el pocillo de test marcado con una S y leemos el resultado transcurridos 10 minutos tras dispensar la muestra.

Soporte para detección de VRS

Para procesar el **aspirado nasal**, primero homogeneizamos bien la muestra y seguidamente añadimos 6 gotas del aspirado recogido en un vial o tubo de ensayo. Añadimos 9 gotas del Reactivo y homogeneizamos con vortex al menos 60 segundos y una vez homogeneizado sacamos el VRS card y procedemos igual que para el hisopo nasofaríngeo dispensando también las 5 gotas de muestra.

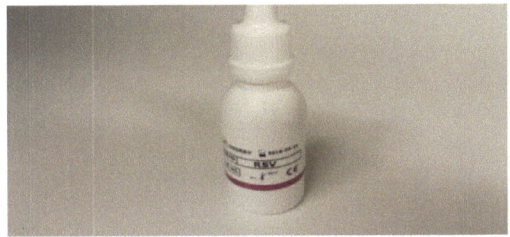

Reactivo virus VRS

D) Lectura e interpretación de resultados:

En la tarjeta de reacción de VRS encontramos varias zonas marcadas, una para dispensar la muestra o S, otra que será la zona de control C y por último una zona de test T. En ésta última será donde veamos si ha habido reacción entre antígeno VRS de la muestra y los anticuerpos específicos del kit contra él.

Siempre debe verse en la zona de control C una línea de color que dependerá del laboratorio o marca que utilicemos, ésta línea confirma que la cantidad de muestra ha sido suficiente y que el procedimiento ha sido el adecuado. Éste es el control interno del test.

POSITIVO: Veremos dos líneas en la zona central de la ventana, en la zona de resultados marcada con la letra T de un color (rojo), y en la zona de control marcada con la letra C, una línea de color distinto a la de la zona de test (verde).

NEGATIVO: Solamente veremos una línea en la zona de control C, en nuestro caso verde. No habrá ninguna otra línea visible la ventana del test.

INVÁLIDO: Si no aparece una línea del color correspondiente (verde en nuestro caso) en la zona de control transcurrido el tiempo especificado en el kit, no puede interpretarse el resultado. Un volumen insuficiente de muestra, un procedimiento inadecuado o un deterioro de los reactivos pueden ser la causa. En éste caso habrá que revisar como se ha procedido y repetir la prueba con un nuevo test.

Por supuesto decir que un resultado negativo no es concluyente para descartar una infección por VRS continuando los síntomas clínicos. En estos casos será precisa la realización de otras pruebas complementarias para descartar la infección por éste virus.

También es importante destacar que dependiendo de cada casa comercial o laboratorio éstos test pueden tener distinta sensibilidad y producirse o no reacciones cruzadas con otras sustancias que puedan encontrarse en la muestra, además encontraremos limitaciones como puede ser la necesidad de un mínimo de antígeno presente en la muestra para su detección.

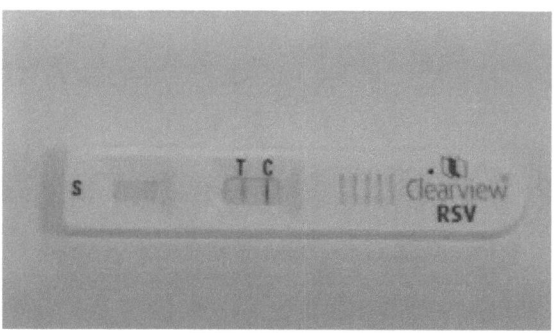

Resultado positivo VRS

Capítulo 3

Adenovirus respiratorio

El adenovirus, es un virus común que puede afectar a los ojos, el sistema respiratorio (nariz, boca, garganta y pulmones) y/o el aparato digestivo (estómago e intestinos), aunque por lo general, es un virus de efectos leves que la mayoría de las personas tienen durante la infancia. Es un virus desnudo, icosahédrico y con ADN bicatenario y existen 49 tipos de adenovirus inmunológicamente distintos (clasificados en 6 subgéneros: A - F) que pueden causar una enfermedad en los seres humanos. Estos serotipos son endémicos y los que más frecuentemente causan infecciones con los tipos 2, 3, 5, y 7.

Nos centraremos en éste capítulo en las afecciones respiratorias que produce como son la fiebre faringoconjuntival, bronquiolitis, neumonías y síndromes febriles. Los síntomas de la enfermedad respiratoria van desde el resfriado común hasta la neumonía y la bronquitis. En edades tempranas provoca congestión nasal y tos, la faringitis en niños de más edad, y en adultos jóvenes la enfermedad se caracteriza por faringitis y conjuntivitis.

Las personas con sistema inmune fuerte, combaten el virus y no tienen problemas de salud a largo plazo y después de que su sistema inmune lo combate, el virus puede permanecer en el organismo aunque ya no esté provocando síntomas. Pero las personas inmunodeprimidas son especialmente susceptibles de sufrir complicaciones graves de la infección por adenovirus produciéndoles neumonía e incluso en casos extremos la muerte.

Es un virus que se contagia por aerosolización y por contacto directo produciendo una intensa respuesta inmunológica, generalmente son estables frente a agentes químicos o físicos, y en condiciones de pH adversas, por lo que pueden sobrevivir por un tiempo prolongado fuera del cuerpo. Además es un virus cuya estacionalidad la encontramos en invierno, primavera y comienzos de verano.

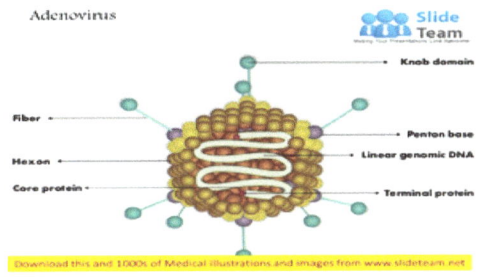

Adenovirus respiratorio

A) Principio de la prueba:

Al igual que con el VRS hay distintos laboratorios que proporcionan un test rápido para la detección del Adenovirus Respiratorio y también utiliza Anticuerpos monoclonales específicos contra el antígeno del virus.

El test que describimos contiene una membrana con nanopartículas de oro coloidal. La membrana de nitrocelulosa se sensibiliza con los anticuerpos monoclonales frente a antígenos específicos del hexón (cápside formada por capsómeros con forma hexagonal), que se conjuga con el oro coloidal y el conjugado se inmoviliza en una membrana.

De éste modo la solución extraída de las muestras o de un cultivo, al entrar en contacto con la tira, el conjugado solubilizado migra con la muestra mediante difusión pasiva y tanto el conjugado como el material de la muestra entran en contacto con el anticuerpo específico contra Adenovirus adsorbido en la tira de nitrocelulosa. Si la muestra contiene Adenovirus, el complejo conjugado-adenovirus permanecerá unido al anticuerpo frente al Adenovirus que se encuentra adsorbido en la tira de nitrocelulosa. El resultado es visible a los 15 minutos apareciendo una línea roja en la tira y la muestra continua migrando hasta encontrarse con el reactivo de control que se une al conjugado de control, produciendo una segunda línea roja.

B) Recogida de las muestras:

Recogeremos secreciones nasofaríngeas, lavados nasofaríngeos o frotis nasales/nasofaríngeos mediante los métodos estándar de éstas muestras (como los descritos para la recogida de muestras para VRS).

Las muestras deberán ser procesadas con la mayor brevedad posible tras su recogida y si no fuera posible refrigerarlas entre 2°-8° C o congelarlas a -20° C dependiendo del medio de transporte utilizado. El medio Stuart y el medio Amies no son compatibles para la realización del test. Sin embargo los medios M4 y M5 de Remel (Oxoid), el medio Virocult (MWE), medio BBS de Hank utilizado en medio Vircel y RPMI si son compatibles. Además las muestras no pueden haber sido tratadas con soluciones que contengan formaldehído o sus derivados.

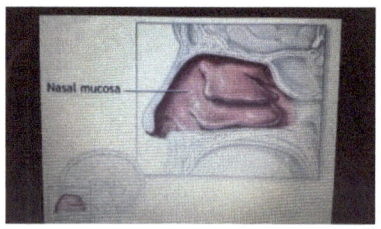

Recogida de frotis nasal

C) Procedimiento:

Los reactivos deben atemperarse y las muestras alcanzar una temperatura ambiente entre 15° y 30 ° C antes de realizar la prueba y ésta una vez abierta debe usarse lo antes posible.

Lavados y/o aspirados nasofaríngeos líquidos o sobrenadante de cultivo:

Si la muestra es líquida, mezclaremos 250 µL con 250 µL u 8 gotas del tampón de dilución HC para alcanzar una dilución de la muestra de ½.

Hisopos:

a. Si el hisopo está almacenado en medio de transporte líquido, debe retirarse el medio presionando su matriz contra la pared del tubo y la solución resultante debe procesarse como describimos con una muestra líquida obteniendo una dilución de ½.
b. Si el hisopo es seco, mezclaremos 250 µL (8 gotas) del tampón de dilución con 250 µL de solución salina (NaCl 0.9%). Mojamos el hisopo en la solución, lo retorcemos contra la pared del tubo para exprimir la mayor cantidad de muestra posible y retiramos el líquido para su procesamiento.

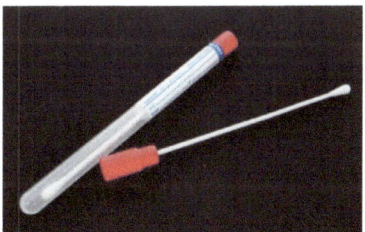

Hisopo seco o sin medio de transporte

Una vez extraída la muestra la agitamos bien con la solución tampón para homogeneizarla y sumergimos la tira reactiva en la dirección indicada por la flecha roja. Es importante no tocar con los dedos la nitrocelulosa y no sumergir la tira por encima de la línea indicada bajo las flechas impresas en el adhesivo para evitar diluir el conjugado de oro coloidal.

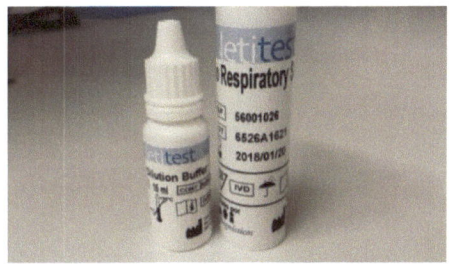

Solución tampón y contenedor de tiras para test

D) Lectura e interpretación de los resultados:

Leeremos los resultados de la tira a los 15 minutos estando la tira aún húmeda, por lo que las nuevas líneas que puedan aparecer una vez sobrepasado el tiempo de reacción no las tendremos en cuenta.

RESULTADO NEGATIVO: aparece una línea verde en la posición de la línea de control (C-línea superior), y o aparece ninguna otra banda.

RESULTADO POSITIVO: Aparece la línea verde de control y una banda rojiza purpúrea visible en la posición de la línea de prueba (T). La intensidad de la línea de prueba puede variar en función de la cantidad de antígenos encontrados en la muestra. Cualquier línea (T) rojiza purpúrea, incluso débil, debe considerarse como un resultado positivo.

RESULTADO NO VÁLIDO: La ausencia de la línea de control indica un fallo en el procedimiento de la prueba, por lo que deberá repetirse con un nuevo dispositivo de prueba.

Éste kit es una prueba de detección cualitativa en fase aguda, por lo que las muestras recogidas tras esta fase pueden contener títulos de antígenos inferiores al umbral de sensibilidad del reactivo ($1x10^6$ vp/mL).

Una prueba positiva no descarta la posibilidad de que pueda haber otros patógenos presentes. Y si una muestra presenta resultado negativo a pesar de los síntomas observados, deberán realizarse otras pruebas relevantes para comprobar la muestra.

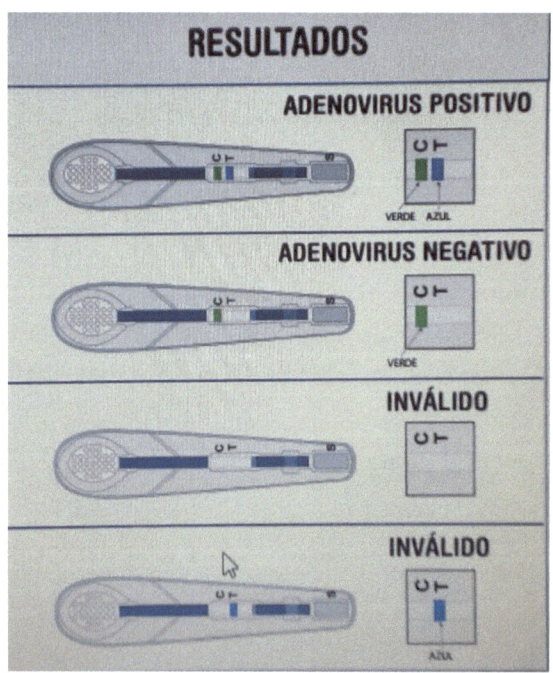

Interpretación de resultados adenovirus respiratorio

CAPÍTULO 4

Virus influenza A y B

Hay cuatro tipos de virus de la influenza: A, B, C y D. Los virus A y B de la influenza en seres humanos causan epidemias estacionales de la enfermedad casi todos los inviernos. Son virus ARN de cadena simple con gran diversidad inmunológica. La aparición de un virus nuevo y muy diferente de la influenza A con la capacidad de ocasionar infecciones en las personas puede desencadenar una pandemia de influenza. Las infecciones de influenza tipo C causan generalmente una enfermedad respiratoria leve y no se cree que puedan desencadenar epidemias. Los virus de influenza D afectan principalmente al ganado y no se cree que puedan causar infecciones o enfermedades en los seres humanos.

Los virus de influenza A se dividen en subtipos según dos proteínas de la superficie del virus: la hemaglutinina (H) y la neuromidasa (N). Hay 18 subtipos diferentes de hemaglutinina y 11 subtipos diferentes de neuromidasa. (H1 hasta H18 y N1 hasta N11 respectivamente).

Los virus de influenza A pueden dividirse en diferentes cepas. Los subtipos actuales de virus de influenza A que se detectan en las personas son A (H1N1) y A (H3N2). En la primavera de 2009 emergió un nuevo virus de influenza A (H1N1) (sitio web de los CDC sobre la influenza H1N1 2009) que comenzó a causar enfermedades en las personas. Este virus era muy diferente de los virus de la influenza A (H1N1) que circulaban entre las personas en aquel momento. El nuevo virus causó la primera pandemia de influenza en más de 40 años. Ese virus (a menudo llamado "2009 H1N1") ahora ha reemplazado al virus H1N1 que circulaba anteriormente entre los seres humanos.

Los virus de la influenza B no se dividen en subtipos pero pueden dividirse en líneas y cepas. Los virus de la influenza B que circulan actualmente pertenecen a una de las dos líneas: B/Yamagata y B/Victoria.

Los virus tipo A son los más comunes aunque el tipo A y el tipo B pueden circular de forma simultánea, pero habitualmente uno de ellos domina durante una temporada concreta y la enfermedad que producen se conoce como gripe.

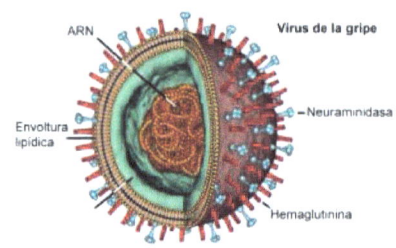

La gripe es una infección vírica aguda y muy contagiosa delas vías respiratorias producida por virus influenza. El virus se transmite por el aire e ingresa al organismo a través de la nariz o la boca. Puede ser grave, incluso mortal, entre los ancianos, recién nacidos y personas con ciertas enfermedades crónicas.

Los síntomas de la gripe aparecen súbitamente siendo peores que los del resfriado y pueden incluir fiebre, tos, dolor de garganta, secreción o congestión nasal, dolores corporales, dolor de cabeza, escalofríos y fatiga. Algunas personas pueden presentar vómitos y diarrea. Las personas pueden contagiarse con el virus de la influenza y presentar síntomas respiratorios sin fiebre. Generalmente los virus de la influenza causan la mayoría de las enfermedades durante los meses más fríos del año. Sin embargo, los virus influenza también pueden presentarse fuera de la temporada típica de influenza. Además, otros virus también pueden ocasionar enfermedades respiratorias similares a la influenza. Por lo que es imposible diagnosticar con certeza si el paciente tiene influenza basándose solamente en los síntomas.

La mayoría de la gente se recupera de la gripe sin tratamiento médico. Las personas que tienen síntomas, aunque no sean muy severos, deben evitar el contacto con otras personas y quedarse en casa. Sólo deberían salir para recibir tratamiento médico si es necesario. La principal forma de evitar que se el contagio de la gripe es la vacuna anual. Una buena higiene incluyendo el lavado de manos también puede ayudar.

Algunas personas tienen mayores probabilidades de desarrollar complicaciones por el virus influenza que pueden requerir hospitalización y, a veces, provocan la muerte. Neumonía, bronquitis, sinusitis e infecciones del oído son algunos ejemplos de complicaciones relacionadas con el virus.

Los niños menores de 5 años, especialmente los niños menores de 2 años, los adultos a partir de 65 años, las mujeres embarazadas y mujeres que han dado a luz dos semanas atrás, residentes de asilos de ancianos y de otros centros de cuidado a largo plazo junto con aquellas que padecen afecciones médicas crónicas son personas con alto riesgo de padecer complicaciones.

Las afecciones crónicas que pueden cursar con complicaciones graves son:

- Asma, aumentando el riesgo de sufrir ataques de asma mientras tienen influenza.
- Enfermedades neurológicas y del neurodesarrollo incluyendo trastornos del cerebro, la médula espinal, el nervio periférico y los músculos, por ejemplo parálisis cerebral, epilepsia (trastornos convulsivos), accidentes cerebrovasculares, discapacidad intelectual (retraso mental), retraso en el desarrollo de moderado a grave, distrofia muscular o lesión de la médula espinal.
- Enfermedades pulmonares crónicas como enfermedad pulmonar obstructiva crónica [COPD] y fibrosis quística. Estas personas corren mayor riesgo de sufrir neumonía.
- Enfermedad cardíaca congénita, insuficiencia cardíaca congestiva y enfermedad de la arteria coronaria.
- Trastornos sanguíneos como anemia falciforme.
- Trastornos endocrinos como diabetes mellitus.
- Afecciones renales.
- Enfermedades del hígado.
- Trastornos metabólicos congénitos y trastornos mitocondriales.
- Sistema inmunitario debilitado debido a una enfermedad o medicamento como personas con VIH o SIDA, o cáncer o aquellas personas en tratamiento con esteroides por enfermedades crónicas.
- Personas menores de 19 años de edad que están recibiendo una terapia a largo plazo a base de aspirinas.
- Personas con obesidad extrema con índice de masa corporal [IMC] de 40 o superior.

Los virus influenza se transmiten entre las personas, principalmente a través de partículas respiratorias que van por el aire como las gotitas de flugge (por ejemplo, cuando una persona infectada tose o estornuda cerca de una persona propensa a la influenza). El contagio a través de grandes partículas en forma de gotas exige que exista un contacto cercano entre el agente transmisor y la persona contagiada porque las gotas no permanecen suspendidas en el aire y viajan generalmente sólo una corta distancia (menor o igual a 1 metro) por el aire. El contacto con superficies contaminadas con gotas respiratorias es otra posible fuente de contagio. También se cree que es posible el contagio a través del aire (a través de residuos de partículas pequeñas [menores o iguales a 5µm] de gotas evaporadas que podrían permanecer suspendidas en el aire por largos períodos de tiempo), aunque los datos que apoyan el contagio a través del aire son limitados. El período de incubación típico para la influenza es de 1 a 4 días (promedio: 2 días). La mayoría de los adultos puede contagiar a otros a partir del 1° día antes de que los síntomas se desarrollen y hasta 5 a 7 días después del inicio de la enfermedad. En especial en los niños y las personas con sistemas inmunitarios debilitados, podrían causar contagios por un tiempo más prolongado.

Por estos motivos la mejor prevención contra el contagio es la vacunación y un control detallado de los casos que se presentan identificando el agente productor de la gripe, y para ello disponemos de test rápidos como el que aquí describimos que detectan en muestras clínicas los antígenos de virus influenza.

A) Principio de la prueba:

Detectaremos los antígenos de la influenza en muestras clínicas mediante inmunoanálisis utilizando anticuerpos monoclonales específicos. Las partículas de virus presentes den la muestra serán disgregadas, dejando expuestas las nucleoproteínas víricas internas. Una vez extraídos los antígenos víricos A y/o B haremos que los anticuerpos específicos reaccionen contra las nucleoproteínas que los componen.

Si la muestra contiene antígenos veremos en la tira una línea de color rosa y rojo, así como una línea azul de control del procedimiento. Las líneas de las cepas A o B aparecerán en distinto lugar de la misma tira.

Las tiras de prueba contienen anticuerpos monoclonales de ratón contra los antígenos del virus de la gripe. También además de las tiras reactivas, tenemos una solución de reactivo con solución salina y tubos de reactivo con solución tampón liofilizada con detergentes y agentes reductores para la extracción de las mucoproteínas.

B) Recogida de muestras:

- Muestras nasofaríngeas:

Es importante recoger la mayor cantidad de secreción. Las **muestras nasofaríngeas** serán recogidas con torunda estéril en adultos y/o niños mayores. Mantenemos la torunda cerca de la base del tabique nasal mientras introducimos con cuidado la torunda en la nasofaringe posterior y la rotaremos girándola varias veces. La muestra la recogeremos de la fosa que veamos con más secreción llegando a la nasofaringe posterior.

- Lavados nasales o muestras de aspiración:

Dado que el **lavado** tendremos que realizarlo con suero salino intentaremos utilizar la menor cantidad posible de éste para evitar diluir la cantidad de antígeno que pueda encontrarse en la muestra.

En niños mayores y adultos, con la cabeza sobeextendionada, instilaremos solución salina estéril con una jeringa en una fosa nasal, recogiendo el lavado en un recipiente seco directamente colocado debajo de la nariz y presionando ligeramente el labio superior. Inclinaremos la cabeza hacia delante y dejamos que el líquido deslice de la fosa nasal hacia el recipiente.

Los niños pequeños habrá que sentarlos encima y mantenerles la cabeza apoyada en el pecho de quien los sujete. Llenaremos la jeringa de aspiración con un volumen mínimo de solución salina en función del tamaño y de la edad del niño. Mientras el niño mantiene la cabeza inclinada hacia atrás instilamos la solución salina en el orificio nasal y aspiramos la muestra de lavado de nuevo al interior de la jeringa. También podemos inclinar hacia delante la cabeza del niño y dejar que la solución salina gotee en el recipiente de recogida.

Las muestras deben analizarse lo antes posible y si es necesario su trasporte, los **exudados** deben diluirse lo menos posible porque podría reducirse la sensibilidad de la prueba. Se recomienda utilizar un mililitro o menos de medio de transporte para un rendimiento óptimo de la prueba rápida. Los medios compatibles son:

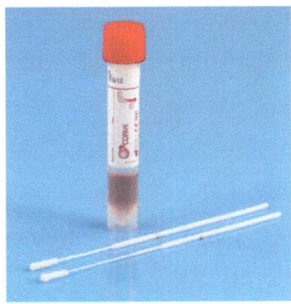

Contenedor con medio para transporte y conservación de virus

Medio de transporte	Condiciones de conservación recomendadas		
	2-25 º C Durante 8 horas	2-25 º C Durante 24 horas	2-8 º C Durante 48 horas
Medio universal de transporte para virus BD	Si	Si	Si
Medio de Bartels Flextrans	Si	No	No
Medio de transporte universal Copan	Si	Si	Si
Solución salina equilibrada de Hank	Si	No	No
Medio M5	Si	No	No
Solución salina	Si	No	No
Conservación de la muestra en	Si	No	No

recipiente limpio, seco y cerrado			

Las muestras de **lavado o aspiración nasal** también se pueden conservar congeladas a -70º C o menos durante un mes máximo.

Los medios M4, M4-RT, Liquid Amies-D, Amies Clear, el medio de transporte modificado de Struart y Remel M6 no son compatibles

C) Procedimiento:

Para **torundas nasales o nasofaríngeas** utilizaremos la solución de reactivo. Dispensaremos la solución en el tubo de reactivo y agitaremos para disolver suavemente el contenido. Introduciremos la torunda del paciente y la giraremos al menos 3 veces presionando el fondo y las paredes del tubo de reactivo dejando la torunda dentro del tubo un minuto. Transcurrido ese tiempo la sacaremos presionándola contra el interior del tubo y la desecharemos. Introduciremos la tira de prueba con las flechas hacia abajo y tras 10 minutos leeremos el resultado.

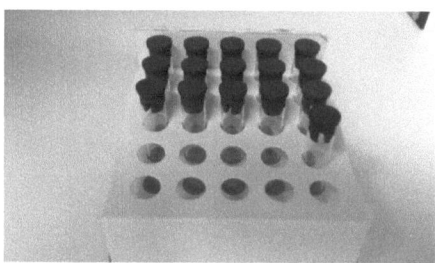

Tubos de reactivo para detección de virus influenza A y B

Si la muestra es un **lavado o una aspiración nasal**, llenaremos el cuentagotas del kit hasta la marca superior con la solución de lavado o la aspiración nasal añadiendo todo el contenido del cuentagotas al tubo de reactivo. Agitaremos suavemente para disolver el contenido del tubo e introduciremos la tira de prueba con las flechas hacia abajo leyendo el resultado transcurridos 10 minutos. Una vez introducida la tira de prueba no la manipularemos ni la moveremos.

D) Lectura e interpretación de los resultados:

RESULTADO NEGATIVO: Transcurridos los 10 minutos sólo aparecerá la línea azul de control que indica que no se detectaron antígenos del virus Influenza A o B, y éste resultado deberá comunicarse como presuntamente negativo respecto a la presencia del virus.

El resultado negativo no excluye la infección con el virus ya que deberán confirmarse mediante cultivo celular. Si el nivel de antígeno es inferior al límite de detección de la prueba, también puede presentarse un resultado negativo.

RESULTADO POSITIVO: Puesto que la línea de control que es de color azul, se encuentra en el medio de las líneas de detección de los antígenos de virus Influenza A y B, cualquier formación de una línea de prueba de color entre rosa y rojo por encima o por debajo de ella indicará un resultado positivo.

Sosteniendo la tira de prueba con las flechas apuntando hacia abajo, la línea roja por encima de la línea de control será positiva para los antígenos de virus Influenza A. Si la línea roja se encuentra por debajo de la línea de control será positiva para los antígenos de virus Influenza B.

Los resultados positivos no permiten identificar subtipos específicos del virus de la gripe tipo A. si fuera necesario diferenciar entre diferentes subtipos, deberán realizarse otros análisis.

Los pacientes vacunados de gripe tipo A por vía nasal pueden mostrar resultados positivos hasta los 3 días siguientes a la vacunación.

RESULTADO NO VÁLIDO: La ausencia de la línea de control transcurridos 10 minutos, aunque aparezca línea de prueba el resultado no será válido. Si al cabo de 10 minutos no desaparece el color del fondo e interfiere con la lectura de la prueba el resultado tampoco será válido. En ambos casos deberá repetirse la prueba con otra muestra y una tira nueva de prueba.

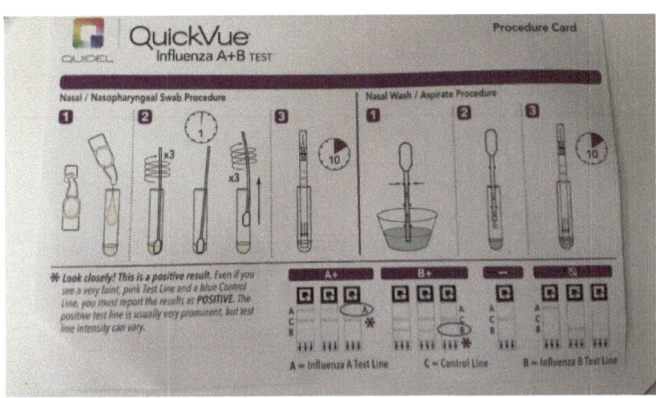

Interpretación de resultados del test para virus Influenza A y B

Capítulo 5

Streptococcus grupo A

Los estreptococos del grupo A pueden encontrarse en cualquier parte. En el ser humano se suelen estar presentes en la garganta y sobre la piel, y la mayoría de las infecciones que producen suelen ser relativamente leves. Es la causa más frecuente de faringitis aguda, que se caracteriza por dolor faríngeo seguido de fiebre, cefalea, náuseas y vómitos, eritema faríngeo, acompañado de un exudado blanquecino faringoamigdalar en forma de punteado o placas. Las secuelas de la infección no tratada pueden ser de tipo supurado, como resultado de la diseminación a los tejidos contiguos, o no supuradas como la fiebre reumática y la glomerulonefritis.

También produce otras infecciones como impétigo y erisipela (infecciones cutáneas), infecciones de tejidos blandos, sepsis puerperal, neumonía, endocarditis, meningitis y artritis. También origina cuadros de fiebre escarlatiniforme y el síndrome del shock tóxico, debido a cepas productoras de toxinas. La escarlatina afecta generalmente a niños de entre 5 y 15 años (aunque cualquiera puede contraerla) y el síntoma clásico de la enfermedad es un tipo de sarpullido rojo de textura áspera como la del papel de lija, además del dolor de garganta.

El contagio de estas bacterias se contrae porque se propagan mediante el contacto con gotitas provenientes de la tos o los estornudos de una persona infectada, por contacto directo con secreciones nasales o de garganta y de personas con lesiones cutáneas infectadas por éste microorganismo. Aunque también hay portadores asintomáticos del Estreptococo A en la garganta o en la piel, éstos son menos contagiosos.

El tratamiento de una persona infectada con un antibiótico apropiado durante 24 horas o más, elimina la posibilidad de contagio con la bacteria. Sin embargo, es importante realizar el tratamiento completo con antibióticos tal como ha sido formulado.

Con el test que describimos realizaremos la detección cualitativa del antígeno de estreptococos del grupo A en muestras de exudado nasofaríngeo o bien confirmaremos crecimientos de supuestas colonias recuperadas de cultivo.

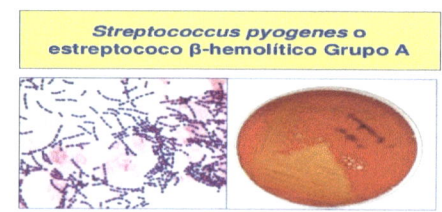

Streptococcus pyogenes o estreptococo β-hemolítico Grupo A

A) Principio de la prueba:

En ésta prueba se utilizan **hisopos** de inmunocromatografía en color con membrana de nitrocelulosa revestida de anticuerpos de conejo. Sometemos un exudado faríngeo a la extracción química de un antígeno de hidratos de carbono que se encuentra únicamente en los estreptococos del grupo A y colocando la tira reactiva en la mezcla obtenida de la extracción y ésta se desplaza por la membrana. Si hay antígeno en la muestra se formará un complejo con las partículas de color conjugadas de los anticuerpos de estreptococos del grupo A. luego el anticuerpo de fijación de estreptococos del grupo A fijará el complejo apareciendo una línea.

B) Recogida de muestras:

La recogida de **exudado nasofaríngeo** la haremos de la zona de las amígdalas o la parte posterior de la garganta con un hisopo estéril evitando tocar dientes, encías, lengua o la superficie de las mejillas. Los hisopos serán de rayón estéril y sin medio de transporte para un rendimiento óptimo.

Para confirmar crecimiento en **cultivo de estreptococos** del grupo A utilizaremos cultivos crecidos en agar sangre con menos 72 horas de incubación. Tocando levemente de 1 a 3 colonias sospechosas con un hisopo estéril. No hacer barridos de placa y pasar el hisopo por la placa de cultivo antes de empezar con el procedimiento de la pruebo porque los reactivos de extracción convertirán la muestra en no viable.

No son válidos los medios de transporte semisólidos o de carbón. La muestra deberá ser procesada lo antes posible tras su recogida, si no va a ser así deberán conservarse a temperatura ambiente o en frigorífico un máximo de 72 horas y tanto reactivos como muestra tendrán que atemperarse antes de realizar la prueba.

Si la muestra no es adecuada o la concentración de antígenos está por debajo del límite de sensibilidad de la prueba puede obtenerse un resultado negativo.

Éste test no diferencia entre portadores e infecciones agudas, pudiéndose deber la faringitis a organismos que no sean estreptococos del grupo A y no diferencia tampoco entre estreptococos del grupo A viables y no viables.

C) Procedimiento:

El kit contiene dos reactivos para realizar la extracción del antígeno que a la vez sirven de control interno. Introducimos en un tubo de ensayo 3 gotas de reactivo 1 (nitrato de sodio) y 3 gotas del reactivo 2 (ácido acético), y observaremos que se produce un cambio de color de rosa a amarillo al añadir el reactivo 2 (de extracción). Colocamos inmediatamente el hisopo con la muestra dentro del tubo. Mezclamos la solución con energía, girando el hisopo con fuerza contra el lateral del tubo al menos diez veces y lo dejamos reposar durante un minuto.

Transcurrido el minuto exprimimos la mayor cantidad posible del líquido del hisopo apretándolo contra los laterales del tubo al extraer el hisopo y desechamos el hisopo.

Sacamos la tira reactiva del recipiente y colocamos el extremo absorbente en la muestra extraída leyendo los resultados a los 5 minutos. Utilizaremos un temporizador ya que los resultados dejan de ser válidos después del tiempo de lectura.

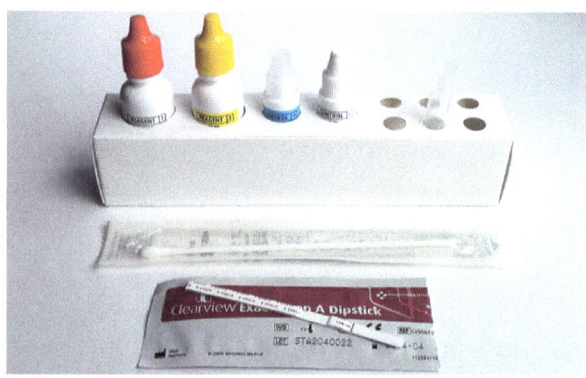

Kit y reactivos *Streptococcus grupo A*

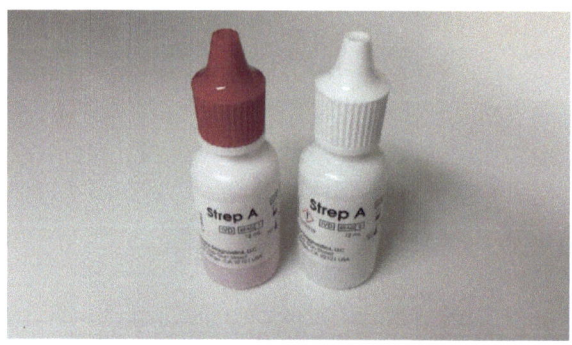

Reactivos para extracción de muestra para *Streptococcus grupo A*

D) Lectura e interpretación de los resultados:

RESULTADO NEGATIVO: Transcurridos los 5 minutos aparecerá una línea de control roja y ninguna línea de prueba azul, lo que indicará un resultado supuestamente negativo.

RESULTADO POSITIVO: Veremos dos líneas, una línea de control roja y una línea de prueba azul lo que significará que se detectan antígenos de los estreptococos del grupo A.

En casos de muestras positivas moderadas o altas, podrá observarse alguna coloración azul detrás de la línea de prueba; mientras la línea de prueba y la de control sean visibles, los resultados serán válidos. La línea de prueba puede ser de cualquier azul, más claro o más oscuro.

RESULTADO NO VÁLIDO: Si no aparece la línea de control roja o, si el color del fondo imposibilita la lectura de la línea de control roja, el resultado no será válido. Si esto se produjera habría que repetir la prueba con un nueva tira reactiva.

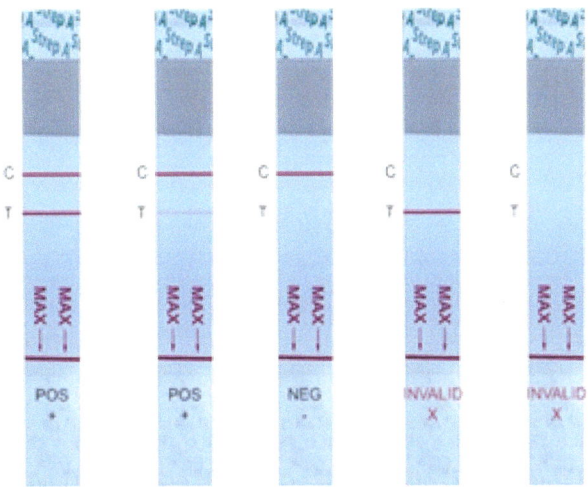

Interpretación de resultados del test para *Streptococcus grupo A*

Capítulo 6

Streptococcus pneumoniae o Neumococo

Los neumococos son cocos grampositivos, encapsulados y dispuestos en parejas unidos por el eje longitudinal. La cápsula está constituida por polisacáridos capsulares que son los determinantes antigénicos que dan lugar a los distintos serotipos del neumococo. El neumococo se transmite de persona a persona por las secreciones respiratorias. *S. pneumoniae* puede aislarse en la nasofaringe de un 5%-10% de los adultos sanos y del 25%-60% de los niños sanos. La cápsula tiene un papel primordial en la patogenicidad del neumococo debido a su efecto protector frente a la fagocitosis. Además de la cápsula, el neumococo posee otros factores no capsulares que intervienen en la virulencia del microorganismo.

S. pneumoniae es la principal causa de neumonía extrahospitalaria y puede ser el causante más importante de neumonía extrahospitalaria de origen idiopático. La neumonía neumocócica presenta una tasa de mortalidad que llega a alcanzar el 30%, dependiendo de la bacteriemia, la edad y las enfermedades subyacentes. Si no se diagnostica y se trata adecuadamente, la infección por *S. pneumoniae* puede causar bacteriemia, meningitis, pericarditis, empiema, púrpura fulminante, endocarditis o artritis.

También es la causa más común de meningitis bacteriana en los adultos y la segunda causa más común de meningitis en niños mayores de 2 años.

La neumonía es una infección de uno o los dos pulmones. También se puede desarrollar al inhalar líquidos o químicos. Las personas con mayor riesgo son las mayores de 65 años o menores de dos años o aquellas personas que tienen otros problemas de salud.

Los factores de riesgo que aumentan las probabilidades de contraer neumonía incluyen:

- Enfermedad pulmonar crónica (EPOC, bronquiectasia, fibrosis quística)
- Fumar cigarrillos
- Demencia, accidente cerebrovascular, lesión cerebral, parálisis cerebral u otros trastornos cerebrales
- Problemas del sistema inmunitario (durante un tratamiento para el cáncer o debido a VIH/SIDA o trasplante de órganos)
- Otras enfermedades graves, tales como cardiopatía, cirrosis hepática o diabetes mellitus

- Cirugía o traumatismo reciente
- Cirugía para tratar cáncer de la boca, la garganta o el cuello

Los síntomas de la neumonía varían de leves a severos destacando fiebre alta, escalofríos, tos con flema que no mejora o empeora, falta de respiración al hacer las tareas diarias y dolor en el pecho al respirar o toser. Otros síntomas incluyen confusión, especialmente en las personas de mayor edad, sudoración excesiva y piel pegajosa, dolor de cabeza, inapetencia, baja energía y fatiga, malestar (no sentirse bien), dolor torácico agudo o punzante que empeora cuando se respira profundamente o se tose y síndrome de la uña blanca o leuconiquia.

La meningitis es la inflamación del tejido delgado que rodea el cerebro y la médula espinal, llamada meninge. Existen varios tipos de meningitis. La más común es la meningitis viral pero la meningitis bacteriana que es rara puede ser mortal. Suele comenzar con bacterias que causan infecciones parecidas a la gripe. La **meningitis neumocócica**, que con frecuencia causa daños cerebrales o la muerte, puede aparecer como una complicación de otra infección neumocócica o de forma espontánea, sin ninguna enfermedad anterior. Afecta a personas de todas las edades, pero es más frecuente en niños menores de 5 años, adolescentes y adultos jóvenes, y en ancianos. La progresión desde una enfermedad leve hasta el coma se puede producir en unas horas, por lo que el diagnóstico y el tratamiento antimicrobiano inmediatos son fundamentales.

Entre el veinte y el treinta por ciento de los pacientes con meningitis neumocócica morirá, en la mayoría de los casos, a pesar de recibir tratamiento con antibióticos adecuados durante varios días. La mortalidad es incluso mayor en los pacientes muy jóvenes o muy ancianos. Aunque cualquier persona puede contraer meningitis, es más común que se presente en las personas con sistemas inmunitarios débiles. La meningitis puede agravarse muy rápido.

Los factores de riesgo que aumentan las probabilidades de contraer **meningitis neumocócica** son:

- Consumo de alcohol
- Diabetes
- Antecedentes de meningitis
- Infección de una válvula cardíaca por *S. pneumoniae*
- Lesiones o traumatismos craneales
- Meningitis en la cual hay filtración de líquido cefalorraquídeo
- Infección reciente del oído por *S. pneumoniae*
- Neumonía reciente por *S. pneumoniae*

- Infecciones recientes de las vías respiratorias superiores y extirpaciones de bazo o un bazo que no funciona.

Los síntomas de la meningitis comienzan con una fiebre súbita y escalofríos, dolor de cabeza intenso, rigidez en el cuello, sensibilidad a la luz (fotofobia), náuseas o vómitos y cambios en el estado mental. Además de estos síntomas también podemos encontrar, agitación, fontanelas abultadas en los bebés, disminución del estado de conciencia, alimentación deficiente o irritabilidad en los niños, respiración acelerada y postura inusual con la cabeza y el cuello arqueados hacia atrás (opistótonos).

El neumococo se transmite por la vía aérea o por exposición directa a partículas respiratorias de personas infectadas o que portan la bacteria y aunque el periodo de incubación es variable, por lo general dura entre uno y tres días. Para prevenir su transmisión es importante seguir algunas recomendaciones como lavarse las manos con frecuencia, especialmente antes de preparar y consumir alimentos, después de sonarse la nariz y después de ir al baño, tras cambiar el pañal de un bebé o de entrar en contacto con personas enfermas. Y también es importante tener en cuenta que el tabaco daña la capacidad del pulmón para combatir la infección, por tanto fumar es un factor de riesgo para contraer una neumonía. Además como método de prevención encontramos las vacunas contra algunos tipos de neumonía, la vacuna antigripal que puede ayudar a prevenir la neumonía causada por el virus de la gripe, la vacuna antineumocócica que reduce las probabilidades de contraer neumonía a causa del *Streptococcus pneumoniae*.

El test que describiremos a continuación nos permite detectar de forma rápida la presencia de antígenos del *Streptococcus pneumoniae* de forma rápida para que a la mayor brevedad posible pueda ser tratada la infección con la antibioterapia apropiada.

A) Principio de la prueba:

Para la detección del *Sreptococus pneumoniae* utilizaremos un inmunoensayo cromatográfico de membrana para detectar el antígeno soluble neumocócico en la orina y el LCR humanos. El anticuerpo contra *S. pneumoniae* de conejo, la línea de muestra, se adsorbe en una membrana de nitrocelulosa. El anticuerpo de control se adsorbe en la misma membrana como una segunda banda y tanto los anticuerpos contra *S. pneumoniae* de conejo como los anticuerpos antiespecies se conjugan con partículas visibles que se han secado en un soporte fibroso inerte. La almohadilla de conjugado resultante y la membrana estriada se combinan para construir la tira reactiva. Esta tira reactiva y un pocillo para la muestra del hisopo, se montan en los lados opuestos de una tarjeta de análisis en forma de libro.

Utilizaremos un reactivo constituido por tampón citrato/fosfato con laurilsulfato sódico y azida sódica. Y las muestras serán de **orina** recogida, conservada y transportada de forma conveniente. O **LCR** (líquido cefalorraquídeo) que también ofrece un diagnóstico inmediato y muy preciso de la meningitis neumocócica.

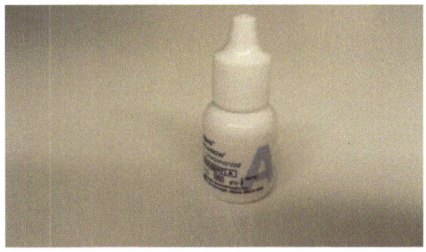

Reactivo para test rápido de detección de *Streptococcus pneumoniae*

B) Recogida de las muestras:

Si es posible la muestra de **orina** debe recogerse antes de la toma de antibiótico. La muestra más adecuada es la primera micción de la mañana y la parte media de la micción, en un recipiente de boca ancha y cierre hermético.

Contenedor estéril para recogida de orina

En la mujer se recomienda siempre que sea posible separar los labios uretrales y lavar cuidadosamente la vulva con gasa empapada en solución jabonosa neutra no bactericida (sin hexaclorofeno ni antisépticos parecidos). La operación se repite tres cuatro veces con movimientos de lavado de delante y arriba hacia atrás y abajo del meato urinario. Los restos de jabón se eliminan con una gasa con abundante agua hervida y se recoge el chorro medio de la micción.

En el hombre retirar el prepucio y lavar el glande con gasa empapada en solución jabonosa no bactericida. Eliminar los restos de jabón, secar y recoger la muestra en las mismas condiciones del caso anterior.

Con respecto a los niños la muestra puede recogerse con bolsa de plástico adaptada a genitales. Lavar y secar de forma similar a la utilizada para adultos. Colocar la bolsa sobre los genitales y fijarla mediante el adhesivo que incorpora, y esperar que la orina fluya espontáneamente, retirando la bolsa tan pronto como se produzca la micción. También la muestra de orina obtenida por punción suprapúbica de la vejiga urinaria en niños puede utilizarse. Para pacientes con catéter permanente usar guantes, desinfectar la superficie del catéter con alcohol y solución yodada. Pinchar oblicuamente con aguja y jeringa estéril. Extraer 10 cc de orina. Enviar la jeringa o vaciar su contenido en un recipiente estéril.

En cuanto a la conservación y el transporte, las muestras de orina deben remitirse al laboratorio inmediatamente. Si ello no es posible, se guardaran en nevera a 4°C.

La recogida de **LCR** para la detección de meningitis neumocócica se realiza por punción lumbar. Antes de realizar la punción lumbar se desinfectará la zona limpiando el punto elegido de la piel con alcohol isopropílico o etílico al 70%. Se comenzara por el centro y se irán haciendo círculos concéntricos hacia la periferia en una zona de al menos 10 cm de diámetro. La muestra se recogerá en tres tubos sin conservantes y con tapón de rosca y evitando en cualquier caso tapar los tubos con algodones o gasas. El primer tubo se mandara a bioquímica; el segundo se enviara a Microbiología y el tercero puede utilizarse para investigación citología. En cualquier caso mandar siempre el tubo más turbio a Microbiología. Respecto al volumen necesario para el estudio bacteriológico rutinario es suficiente 1 cc aunque son preferibles volúmenes superiores. Una vez recogida la muestra en un tubo estéril con tapón de rosca, debe llevarse inmediatamente al laboratorio de Microbiología o de urgencias pues alguno de los agentes bacterianos como Streptococcus pneumoniae puede lisarse rápidamente. Si no fuera posible transportarlo inmediatamente, mantenerlo a 37°C (nunca a temperatura ambiente ni en nevera).

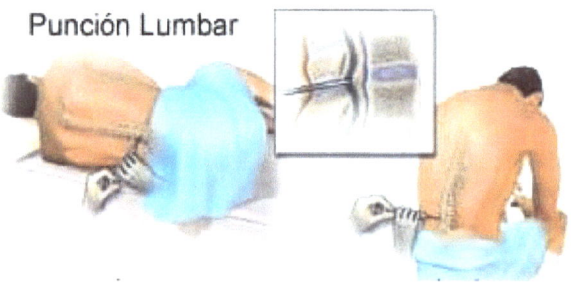

Toma de muestra de LCR

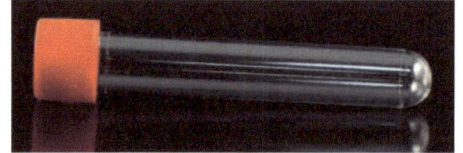

Tubo estéril para recogida de muestra de LCR

C) Procedimiento:

El kit contiene **hisopos estériles**, tarjetas de análisis con dos orificios para colocar el hisopo con la muestra y reactivo A, además de hisopos de control negativo y positivo que necesitan el doble de reactivo A para su procesamiento.

Primero las muestras tendrán que atemperarse para que alcancen una temperatura entre 15-30 ° C, y una vez atemperadas las mezclaremos removiendo suavemente. Sacamos la tarjeta de análisis e introducimos el hisopo en la muestra que vamos a analizar, de manera que cubra completamente la cabeza del hisopo. Si el hisopo gotea, toque el lateral del recipiente de recogida con el hisopo para eliminar el exceso de líquido.

Introducimos el hisopo en el orificio **INFERIOR** (pocillo del hisopo) y empujamos firmemente hacia arriba, de manera que la punta del hisopo sea totalmente visible en el orificio superior. Sin retirar el hisopo de la tarjeta sostenemos el vial del reactivo A en posición vertical entre 1- 2 cm por encima de la tarjeta y añadimos lentamente **tres (3)** gotas de **reactivo A**, dejándolas caer libremente en el orificio **INFERIOR**. Retiramos inmediatamente el papel adhesivo empezando por el extremo derecho de la tarjeta de análisis. Cerramos y precintamos con seguridad la tarjeta y leemos el resultado en la ventana 15 minutos después de cerrar la tarjeta. Si procesamos muestras de control negativo y/o positivo añadiremos 6 gotas de reactivo A a la ventana inferior de la tarjeta.

D) Lectura e interpretación de resultados:

RESULTADO NEGATIVO: Transcurridos los 15 minutos aparecerá una única línea de control de color entre rosa y morado en la mitad superior de la ventana, lo que indica un resultado presuntamente negativo. Esta línea de control significa que la parte de detección de la prueba se ha realizado correctamente, pero que no se detectó el antígeno de *S. pneumoniae*.

RESULTADO POSITIVO: Veremos dos líneas, de color entre rosa y morado. Esto significa que se ha detectado el antígeno. Las muestras con concentraciones bajas de antígeno presentarán una línea de paciente tenue. Cualquier línea visible indica un resultado positivo.

RESULTADO NO VÁLIDO: Si no aparece la línea de control, si no se ven líneas o si solo se ve la línea de muestra, el ensayo no es válido. Las pruebas que no sean válidas se deben repetir con un nueva tira reactiva.

El procedimiento será el mismo para muestras de orina y muestras de líquido cefalorraquídeo, no siendo válidas otras muestras. Los resultados leídos después de los 15 minutos podrían ser imprecisos. Sin embargo, algunos pacientes infectados pueden producir una línea de muestra visible en menos de 15 minutos.

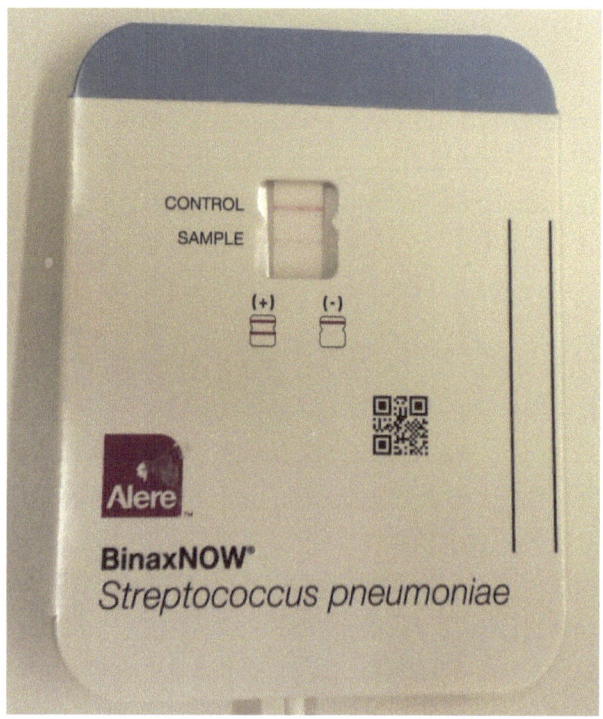

Resultado positivo de *Streptococcus pneumoniae*

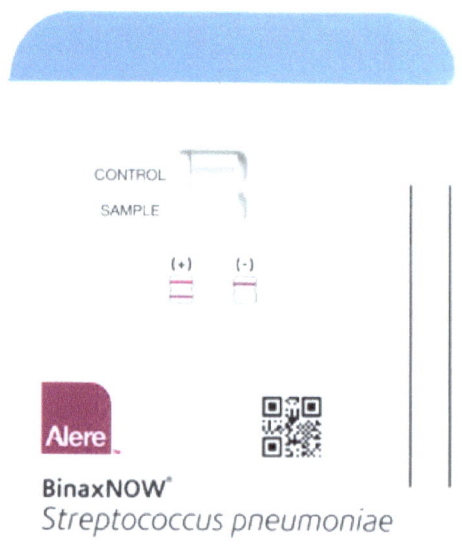

Línea control y resultado negativo de *Streptococcus pneumoniae*

Capítulo 7

Legionella pneumophila

La bacteria *L. pneumophila* vive en aguas estancadas a elevadas temperaturas y su crecimiento se ve favorecido por la presencia de materia orgánica. Se ha asociado a brotes relacionados con sistemas hídricos artificiales deficientemente mantenidos, en particular torres de enfriamiento o condensadores de evaporación utilizados para sistemas de acondicionamiento de aire y refrigeración industrial, sistemas de agua fría y caliente en edificios públicos y privados, e instalaciones de hidromasaje en las que pueden sobrevivir. Es una bacteria Gram-negativa con forma de bacilo que requiere oxígeno para respirar y posee un flagelo para desplazarse, se reproduce bien entre los 20ºC y los 50ºC siendo la temperatura óptima 35ºC y se han identificado 16 serogrupos de *L. pneumophila*.

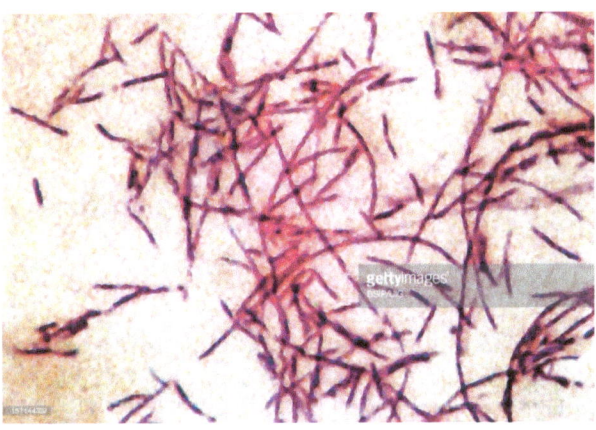

Legionella pneumophila

La mayoría de las infecciones por *Legionella* son causadas por *Legionella pneumophila*. La **legionelosis** es la principal manifestación de la infección producida por este microorganismo. La infección nosocomial se encuentra asociada a la colonización de sistemas de agua caliente en hospitales. La legionelosis puede tener dos presentaciones clínicas diferentes, la enfermedad del legionario y la Fiebre de Pontiac. En la primera, la enfermedad suele manifestarse como una neumonía, aunque el espectro clínico puede variar desde una enfermedad leve-moderada hasta la enfermedad grave con fallo multiorgánico. La Fiebre de Pontiac, es una enfermedad autolimitada que da lugar a un cuadro clínico similar al de la gripe.

La enfermedad del legionario, la forma neumónica, no es contagiosa, es transmitida en forma de aerosol y no hay evidencias de transmisión persona a persona. La infección también puede producirse por aspiración de agua o hielo contaminados, sobre todo en pacientes hospitalizados vulnerables, o por exposición del recién nacido durante los partos en el agua. Después suele dar comienzo un periodo de incubación de 2 a 10 días (aunque en algunos brotes se han registrado periodos de hasta 16 días) y la mayoría de los pacientes requieren cuidado hospitalario. Comienza con fiebre, pérdida de apetito, cefalea, malestar general y letargo. Algunos pacientes también refieren dolor muscular, diarrea y confusión.

Generalmente, se observa asimismo una tos leve inicial, aunque hasta un 50% de los pacientes pueden presentar flemas. En cerca de una tercera parte de los pacientes, éstas son expectoradas con sangre (hemoptisis). La gravedad de la enfermedad va desde una tos leve hasta una neumonía con rápido desenlace fatal. La muerte sobreviene por neumonía progresiva acompañada de insuficiencia respiratoria y/o conmoción e insuficiencia multiorgánica.

Si no se trata, la enfermedad del legionario generalmente se agrava en la primera semana. Al igual que ocurre con otros factores de riesgo que causan neumonía grave, las complicaciones más frecuentes de la legionelosis son insuficiencia respiratoria, conmoción e insuficiencia renal aguda y multiorgánica. La curación, que siempre requiere tratamiento antibiótico, suele ser completa, aunque puede requerir varias semanas o meses. En raras ocasiones, una neumonía progresiva grave o un tratamiento ineficaz pueden entrañar secuelas cerebrales.

La tasa de mortalidad por legionelosis depende de: la gravedad de la enfermedad, la idoneidad del tratamiento antimicrobiano inicial, el entorno en el que se contrajo la infección y diversos factores relacionados con el huésped (por ejemplo, la enfermedad suele ser más grave en pacientes inmunodeprimidos). En sujetos inmunodeprimidos no tratados, la tasa de mortalidad puede llegar a situarse entre un 40% y un 80%, aunque se puede reducir a un 5% - 30% mediante un manejo de casos apropiado y en función de la gravedad de los signos y síntomas clínicos. En términos generales, la tasa de mortalidad oscila entre un 5% y un 10%.

La enfermedad del legionario a menudo se clasifica en función del tipo de exposición, que puede ser **extrahospitalaria** (o comunitaria), asociada a los viajes u **hospitalaria** (o nosocomial). Aunque se desconoce la dosis infectante, cabe presumir que en el caso de sujetos vulnerables es poco elevada, ya que se han dado casos de enfermedad tras tiempos de exposición muy reducidos y a una distancia de hasta 3 km o más del foco infeccioso. La probabilidad de enfermedad depende de la concentración de *Legionella* en la fuente de agua, de la producción y dispersión de aerosoles, de factores relacionados con el huésped, como la edad o afecciones preexistentes, y de la virulencia de la cepa particular de *Legionella* que se trate. La mayoría de las infecciones no causan enfermedad.

La forma no neumónica o **fiebre de Pontiac** es una enfermedad aguda de resolución espontánea que se manifiesta con síntomas similares a los de la gripe y remite generalmente al cabo de 2 a 5 días. El periodo de incubación oscila entre unas pocas horas y un máximo de 48 horas. Los síntomas principales son fiebre, escalofríos, cefalea, malestar general y dolor muscular (mialgia). No se conocen casos de muerte asociados a este tipo de infección.

Entre los factores de riesgo para contraer la enfermedad se encuentran:

- Alcoholismo
- Tabaquismo
- Enfermedades como la insuficiencia renal o diabetes
- Enfermedad pulmonar prolongada (crónica), como la enfermedad pulmonar obstructiva crónica (EPOC)
- Uso prolongado de un respirador (ventilador)
- Medicamentos que inhiben el sistema inmunitario, como quimioterapia y esteroides
- Edad avanzada

Dado que la legionelosis supone una amenaza para la salud pública, es importante que las autoridades controlen a través de planes de garantía de salubridad del agua la seguridad en edificaciones y sistemas de abastecimiento.

La prevención de la enfermedad del legionario depende de la aplicación de medidas de control que minimicen la proliferación de *Legionella* y la difusión de aerosoles. Esas medidas incluyen un buen mantenimiento de las instalaciones y aparatos, en particular mediante su limpieza y desinfección sistemáticas, y la aplicación de otras medidas físicas (térmicas) o químicas (biocidas) para limitar al máximo la proliferación. He aquí algunos ejemplos de medidas recomendadas:

- Mantener, limpiar y desinfectar periódicamente las torres de enfriamiento, utilizando de manera frecuente o sistemática agentes biocidas.

- Instalar separadores de gotas para reducir la difusión de aerosoles de las torres de enfriamiento.

- Mantener una concentración idónea de agentes biocidas, por ejemplo cloro en las instalaciones de hidromasaje, asegurando el vaciado y la limpieza completos de todo el sistema por lo menos una vez a la semana.

- Mantener limpios los sistemas de agua fría y caliente, asegurando al mismo tiempo que el agua caliente se mantenga por encima de los 50°C o bien que el agua fría no supere los 20°C, o tratando las instalaciones con un biocida adecuado para limitar el crecimiento de bacterias.

- Reducir el estancamiento abriendo semanalmente los grifos no utilizados de los edificios.

Con estas medidas considerablemente se podrá reducir el riesgo de contaminación por *Legionella* y prevenir la aparición tanto de casos esporádicos como de brotes. Cuando se trate de pacientes hospitalizados vulnerables, habrá que tomar en muchos casos precauciones adicionales en relación con el agua y el hielo, sobre todo para evitar el riesgo de aspiración.

Con el test que describimos podemos detectar de forma cualitativa del antígeno de *Legionella* en muestras de orina o bien confirmaremos crecimientos de supuestas colonias en recuperadas de cultivo.

A) Principio de la prueba:

La prueba consiste en la utilización de un test de membrana basado en partículas de oro coloidal y que permite la detección de **antígenos LPS** (antígenos constituidos por un lipopolisacárido) de *Legionella Pneumophila* en muestras de orina. Utiliza anticuerpos monocolonales y policlonales frente a *Legionella*. Estos anticuerpos se conjugan con las partículas de oro coloidal y se fijan en una almohadilla absorbente.

Con la muestra depositada, si los antígenos urinarios de *L. pneumophila* se encuentran en la muestra, el complejo formado por anti-*L.pneumophila* y el antígeno *L. pneumophila* avanza a lo largo del dispositivo y se fija en la zona test donde están adheridos los anticuerpos específicos contra *L. pneumophila*.

Cada tira se sensibiliza frente a anticuerpos de *Leionella* y también dispone de un anticuerpo de control de migración. Así cuando la orina emigra a través de la tira, el conjugado se rehidrata y migra junto con la muestra hacia las zonas de test y control. La mezcla en ésta zona se fijará al conjugado control, quedando controlada la migración y apareciendo una línea en la zona control.

B) Recogida de muestras:

Para evitar al máximo la contaminación de la **orina** por la flora comensal normal de la uretra se tienen que limpiar bien los genitales y permitir que la primera parte de la micción elimine, por mecanismo de arrastre, la flora uretral. El recipiente estéril donde es preciso recoger la muestra de orina no tiene que ponerse en contacto con las piernas, vulva o ropa del paciente. El recipiente ha de estar cerrado y solo se abrirá en el momento de recoger la orina, evitando que los dedos toquen los bordes del recipiente o su superficie interior.

Hay que tener en cuenta que son válidas las muestras de orina contaminadas con excrementos y que es preferible recoger la muestra de orina antes de la administración de antibióticos.

En la mujer se recomienda siempre que sea posible separar los labios uretrales y lavar cuidadosamente la vulva con gasa empapada en solución jabonosa neutra no bactericida (sin hexaclorofeno ni antisépticos parecidos). La operación se repite tres cuatro veces con movimientos de lavado de delante y arriba hacia atrás y abajo del meato urinario. Los restos de jabón se eliminan con una gasa con abundante agua hervida y se recoge el chorro medio de la micción.

En el hombre retirar el prepucio y lavar el glande con gasa empapada en solución jabonosa no bactericida. Eliminar los restos de jabón, secar y recoger la muestra en las mismas condiciones del caso anterior.

Con respecto a los niños la muestra puede recogerse con bolsa de plástico adaptada a genitales. Lavar y secar de forma similar a la utilizada para adultos. Colocar la bolsa sobre los genitales y fijarla mediante el adhesivo que incorpora, y esperar que la orina fluya espontáneamente, retirando la bolsa tan pronto como se produzca la micción.

También la muestra de orina obtenida por **punción suprapúbica** de la vejiga urinaria en niños puede utilizarse. Para pacientes con catéter permanente usar guantes, desinfectar la superficie del catéter con alcohol y solución yodada. Pinchar oblicuamente con aguja y jeringa estéril. Extraer 10 cc de orina. Enviar la jeringa o vaciar su contenido en un recipiente estéril.

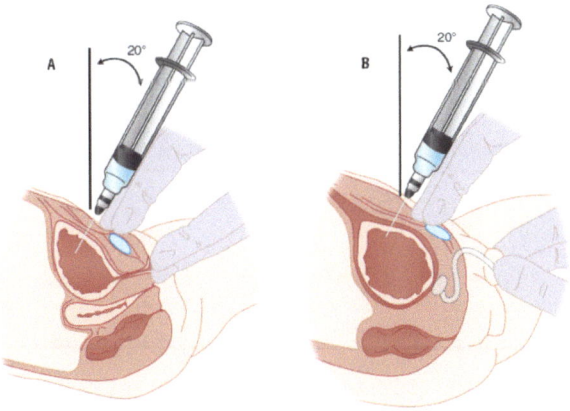

Fuente: Judith E. Tintinalli, J. Stephan Stapczynski, O. John Ma, David M. Cline, Rita K. Cydulka, Garth D. Meckler: Tintinalli. *Medicina de urgencias*, 7e: www.accessmedicina.com
Derechos © McGraw-Hill Education. Derechos Reservados.

Punción suprapúbica en niña y niño

En cuanto a la conservación y el transporte, las muestras de orina deben remitirse al laboratorio inmediatamente, deben procesarse lo antes posible tras su recogida y si ello no es posible, se conservarán en nevera a 2-4°C pudiendo permanecer hasta una semana o congelarse a -10 C° o a -20 C° para periodos más largos.

También el antígeno puede concentrarse en muestras que se sospeche la presencia de *L. pneumophila*, a través de un concentrador desechable o de centrifugación.

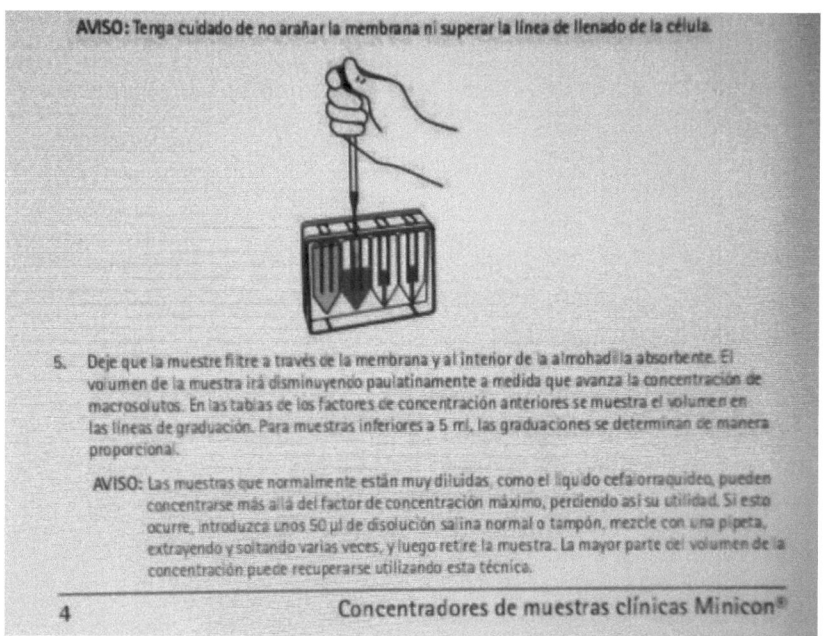

Concentrador de orina o LCR

C) Procedimiento:

El kit contiene viene provisto de dispositivos de reacción y pipetas de dispensación de volumen fijo de 100 µL que pueden ser utilizadas para la dispensación de la muestra en el dispositivo. Así mismo disponemos de controles positivo y negativo además del propio control interno del dispositivo. El control positivo contiene una suspensión de bacterias *L. pneumophila* inactivas por calor, y el negativo baterías *S. pyogenes* inactivas también.

Es importante tener en cuenta algunas precauciones para manipular kit y muestras como son abrir con cuidado las bolsas, utilizar guantes y no usar los kits después de su fecha de caducidad. También destacar que las muestras deben procesarse lo antes posible tras su recogida.

Primero atemperaremos la muestra hasta que alcance una temperatura entre 15 y 30 C° y la agitaremos suavemente para homogeneizarla antes de tomar parte de ella con la pipeta suministrada de 100 µL. A continuación tras coger con la pipeta, dispensaremos la muestra en el pocillo para muestra del dispositivo.

Dejaremos reaccionar 15 minutos y observaremos los resultados en la ventana de lectura. Deben leerse los resultados estando aún las tiras húmedas y aquellos resultados que sean positivos podrán comunicarse en el momento que sean visibles línea de control y de prueba.

D) Lectura e interpretación de los resultados:

RESULTADO NEGATIVO: Transcurridos los 15 minutos aparecerá una línea de control roja en la zona C que es la posición de control y ninguna otra línea de prueba.

RESULTADO POSITIVO: Además de la línea de control roja en la zona C y una línea de prueba rojiza purpurea en la zona de prueba T. la intensidad de ésta última puede variar en función de la cantidad de antígenos encontrados en la muestra. Cualquier línea rojiza purpúrea en la zona T, aunque sea débil, debe considerarse como un resultado positivo.

RESULTADO NO VÁLIDO: La ausencia de la línea de control indica un fallo en el procedimiento de la prueba, en ese caso es necesario repetir la prueba con un nuevo dispositivo. Transcurridos 60 minutos y habiendo obtenido un resultado negativo, es posible que aparezca una sombra en la zona de prueba T. Ésta línea no debe considerarse como un resultado positivo.

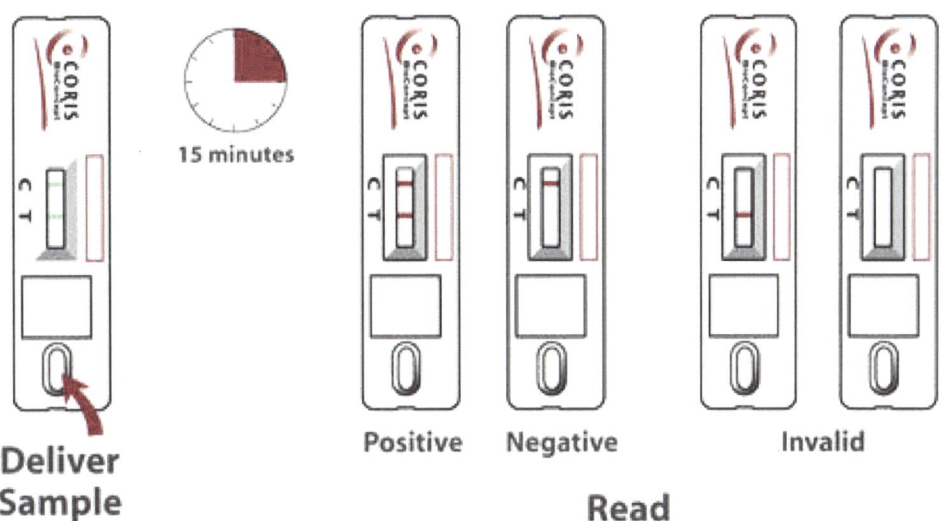

Interpretación de resultados test rápido para detección de *Legionella pneumophila*

Capítulo 8.

Algunos conceptos y definiciones.

Anticuerpo: Es una proteína producida por el sistema inmunitario del cuerpo cuando detecta sustancias dañinas, llamadas antígenos. Los ejemplos de antígenos abarcan microorganismos (tales como bacterias, hongos, parásitos y virus) y químicos. Cada tipo de anticuerpo es único y defiende al organismo de un tipo específico de antígeno.

Antígeno: Es cualquier sustancia que provoca que el sistema inmunitario produzca anticuerpos contra sí mismo. Esto significa que su sistema inmunitario no reconoce la sustancia, y está tratando de combatirla. Un antígeno puede ser una sustancia extraña proveniente del ambiente, como químicos, bacterias, virus o polen. También se puede formar dentro del cuerpo.

Ácidos nucleicos: Los ácidos nucleicos son macromoléculas constituidas por nucleótidos. Están presentes en el núcleo de las células (también en determinados orgánulos como mitocondrias y cloroplastos). Son las moléculas encargadas de almacenar, transmitir y expresar la información genética. Existen dos tipos ADN (ácido desoxirribonucleico) y ARN (ácido ribonucleico), presentes ambos en toda clase de células animales, vegetales o bacterianas.

Aerosolización: proceso por el cual generalmente un sólido o líquido se transforma en un aerosol, siendo éste una suspensión de partículas sólidas finas o gotitas líquidas en un gas.

Aglutinación: Fenómeno en el que las bacterias o las células en suspensión en un líquido precipitan cuando se añaden anticuerpos; éstos se unen a sus antígenos y originan complejos del tipo células-antígenos-anticuerpos en forma de grumos visibles a simple vista.

Avidez: Fuerza de interacción entre un antígeno y un anticuerpo.

Bronquiolitis: La bronquiolitis es una enfermedad frecuente del aparato respiratorio, provocada por una infección que afecta a las vías respiratorias diminutas, denominadas "bronquiolos", que desembocan en los pulmones. Conforme estas vías respiratorias se van inflamando, se hinchan y se llenan de mucosidad, lo que dificulta la respiración. Afecta con mayor frecuencia a lactantes y niños pequeños porque sus vías respiratorias son de tamaño más reducido y se obstruyen con más facilidad.

Complejo antígeno-anticuerpo: Unión macromolecular formada por un antígeno y un anticuerpo unidos de forma específica. La reacción es reversible. La permanencia de unión depende del grado de adaptación de cada molécula, fuerzas y estabilidad de los enlaces que las unen, afinidad del anticuerpo, avidez del anticuerpo, especificidad del anticuerpo.

Exudado: Líquido que se filtra desde los vasos sanguíneos hacia los tejidos cercanos. Este líquido está compuesto de células, proteínas y materiales sólidos. El exudado puede supurar (pus) a partir de incisiones o de zonas de infección o inflamación.

Enzimoinmunoensayo: Método analítico que depende de la reacción antígeno-anticuerpo. Con él se pueden determinar anticuerpos o antígenos utilizando uno de ellos en inmovilizado en una fase sólida y el otro en solución. Pueden marcarse con una enzima otras sustancias como hormonas o fármacos y el producto de la reacción puede ser detectado y cuantificado mediante un marcador enzimático con un sustrato apropiado.

Faringoconjuntival: enfermedad del tracto respiratorio superior que afecta a los adolescentes y a los adultos. Se manifiesta como faringitis, tos, fiebre, cefalea, mialgias, malestar general y, especialmente, conjuntivitis. El tratamiento de la fiebre faringoconjuntival es sintomático. No están indicados los antibióticos.

Fluoróforo o flurocromo: Generalmente son compuestos heterocíclicos o hidrocarburos poliarómaticos: moléculas rígidas Rodamina 6G Rodamina B.

Infección nosocomial: son infecciones contraídas por un paciente durante su tratamiento en un hospital u otro centro sanitario y que dicho paciente no tenía ni estaba incubando en el momento de su ingreso. Las infecciones nosocomiales pueden afectar a pacientes en cualquier tipo de entorno en el que reciban atención sanitaria, y pueden aparecer también después de que el paciente reciba el alta. Asimismo incluyen las infecciones ocupacionales contraídas por el personal sanitario.

Inmunocromatografía: técnica basada en la migración de una muestra a través de una membrana de nitrocelulosa. La muestra es añadida en la zona del conjugado, el cual está formado por un anticuerpo específico contra uno de los epítopos del antígeno a detectar y un reactivo de detección. Si la muestra contiene el antígeno a problema, éste se unirá al conjugado formando un complejo inmune y migrará a través de la membrana de nitrocelulosa. Sino, migrarán el conjugado y la muestra sin unirse.

La zona de captura está formada por un segundo anticuerpo específico contra otro epítopo del antígeno. Al llegar la muestra esta zona, los complejos formados por la unión del antígeno y conjugado quedarán retenidos y la línea se coloreará (muestras positivas). En el caso contrario las muestras son negativas. La zona control está formada por un tercer anticuerpo que reconoce al reactivo de detección. Cuando el resto de muestra alcanza esta zona, el anticuerpo se unirá al conjugado libre que no ha quedado retenido en la zona de captura. Esta línea es un control de que el ensayo ha funcionado bien, porque se colorea siempre, con muestras positivas y negativas.

Inmunofluorescencia: Consiste en conjugar colorantes fluorescentes con anticuerpos, exponiendo después este conjugado a los anticuerpos o antígenos correspondientes de la muestra. Cuando la reacción es positiva y se expone a la luz ultravioleta se producirá fluorescencia observable bajo el microscopio de inmunofluorescencia. Se realiza un acople a un anticuerpo de un fluoróforo o una enzima que cataliza una reacción por la cual se emite fluorescencia (emiten luz de una determinada longitud de onda al ser excitadas con luz de otra determinada longitud de onda).

Cada fluorocromo tiene un espectro de emisión y excitación característicos; si se utilizan dos con el mismo espectro de excitación pero distinto espectro de emisión, se pueden medir dos características al mismo tiempo (fluorescencia de dos colores).

En biología molecular se incuba una muestra con un anticuerpo que detecte la molécula o componente que queramos detectar. Dicho anticuerpo lleva unida una molécula fluorescente (inmunofluorescecnia directa) o bien es reconocido por un segundo anticuerpo marcado fluorescentemente (inmunfluorescencia indirecta).

Lipopolisacarido (LPS): componente de la membrana externa de las bacterias Gram negativas y constituye el antígeno superficial más importante de este tipo de bacterias. El LPS está compuesto por una región lípidica y una glicosídica con funciones separadas y/o sinérgicas lo que hace de esta molécula uno de los factores de virulencia más complejos de comprender.

Meningitis: La meningitis es la inflamación del tejido delgado que rodea el cerebro y la médula espinal, llamada meninge. Existen varios tipos de meningitis. La más común es la meningitis viral, que ocurre cuando un virus penetra en su organismo a través de la nariz o la boca y se traslada al cerebro.

La meningitis bacteriana es rara, pero puede ser mortal. Suele comenzar con bacterias que causan infecciones parecidas a la gripe. Puede causar un ataque cerebral, sordera y lesiones cerebrales. También puede dañar otros órganos. Las infecciones por neumococo y las infecciones meningocócicas pueden causar meningitis bacteriana.

Neumonía: La neumonía es un tipo de infección respiratoria aguda que afecta a los pulmones. Estos están formados por pequeños sacos, llamados alvéolos, que en las personas sanas se llenan de aire al respirar. Los alvéolos de los enfermos de neumonía están llenos de pus y líquido, lo que hace dolorosa la respiración y limita la absorción de oxígeno.

Punción suprapúbica: punción abdominal que se realiza por encima de la zona púbica para la obtención de orina en condiciones estériles para su análisis y/o cultivo. Está indicada sobre todo en menores de 2 años cuando el cuadro clínico no admite demorar el tratamiento en los siguientes casos: si hay riesgo de contaminación (gastroenteritis, vaginitis, uretritis, balanitis, dermatitis perineal), si existen resultados previos equívocos, o si no es posible SV por fimosis grave, anomalías de uretra o de vulva o sinequias estéril para su que se realiza por encima de la zona púbica.

Técnica:
1. Es esencial saber si hay orina en la vejiga por palpación de fondo vesical por encima de pubis o con ecografía para el éxito y evitar complicaciones. Es preferible utilizarla si no se orinó en la última hora y mejor tras 20 min de una toma.
2. Ayudantes: sujetan al niño en decúbito supino con muslos en abducción; presión suave sobre pene o rectal anterior en niñas para evitar la micción.
3. Limpieza de piel suprapúbica con antiséptico. 4. Localizar el punto de punción: línea media, 1-2 cm encima de sínfisis púbica (fig. 2).
5. Aguja: situar perpendicularmente a la piel y ligeramente caudal (10-20°), avanzar con succión suave hasta que entre orina en la jeringuilla (profundidad de 2 a 3 cm; al penetrar en vejiga se puede sentir una leve disminución de resistencia). Aspirar orina suavemente. 6. Retirar la aguja: poner un capuchón estéril en la jeringuilla o transferir la orina a un recipiente estéril y enviar para cultivo. 7. Si no se obtiene orina: retirar la aguja (no redirigirla) y esperar al menos 1 h para intentarlo de nuevo.

Reacción o respuesta inmunológica: Mecanismo que permite defenderse de las agresiones externas provocadas por microorganismos y otras sustancias extrañas (antígenos). Esta función defensiva se basa en la producción de anticuerpos destinados a destruir a los antígenos y también los tumores. Cuando se activa el mecanismo de desata una doble respuesta: una de inmunitaria humoral y otra de celular; en la primera se activa un grupo de células especializadas, los fagocitos, las células T y los macrófagos; en la segunda, la circulación de los anticuerpos por el torrente sanguíneo asegura la protección de los fluidos del sistema circulatorio.

Fuentes y referencias

Texto

- RSV Card de Materlab, reactivos y material de laboratorio (www.materlab.com)

- Adeno Respiratory Strip letitest In Vitro de laboratorios Leti diagnosticos (www.leti.com)

- QuickVue Influenza A+B Test de Quidel Corporation (www.quidel.com)

- Prueba OSOM Strep A Test de Sekisui Diagnostics (www.sekisuidiagnostics.com)

- Streptococcus pnumoiae Antigen Card de Alere and BinaxNOW, Alere Group (www.alere.com)
- Legionella Card Letitest In Vitro laboratorios Leti diagnosticos (www.leti.com)

- *http://www.aeped.es/sites/default/files/documentos/vrs.pdf* Asociación Española de Pediatría 2008

- *https://www.cc.nih.gov/ccc/patient_education/pepubs_sp/adenovirus_sp.pdf de Mayo de 2014*

- *https://www.cdc.gov/spanish/especialescdc/escarlatina/* 06-02-2017
- *https://espanol.cdc.gov/enes/flu/about/viruses/types.htm* 27-09-2017

- *http://www.doctissimo.com/es/salud/diccionario-medico/respuesta-inmunitaria*
- *http://www.doctissimo.com/es/salud/diccionario-medico/aglutinacion*

- https://dialnet.unirioja.es/servlet/articulo?codigo=4943924 Revista de Medicina Veterinaria, ISSN 0122-9354, N°. 19, 2010, págs. 37-45

- https://dicciomed.eusal.es/palabra/avidez

- *https://espanol.cdc.gov/enes/flu/professionals/acip/clinical.htm?mobile=nocontent* 26-05-2016

- *http://es.gdict.org/definicion.php?palabra=aerosolize*

- *https://es.scribd.com/doc/72121733/Inmunocromatografia-o-Prueba-Rapida*

- *https://es.slideshare.net/CarolinaGaloLira/reacciones-antgeno-anticuerpo*
- *https://es.slideshare.net/lamparkie/inmunofluorescencia*

- *http://www3.gobiernodecanarias.org/medusa/ecoblog/mperalm/2013/04/29/53/ Abril de 2013*

- *https://www.health.ny.gov/es/diseases/communicable/streptococcal/group_a/fact_she et.htm Septiembre 2004*
- *https://www.health.ny.gov/es/diseases/communicable/pneumococcal/fact_sheet.htm Enero 2003*

- *http://www.higiene.edu.uy/parasito/trabajos/elisa.pdf Año 2007*

- *http://hospitaldenens.com/es/guia-de-salud-y-enfermedades/recogida-transporte-y-conservacion-de-muestras-de-orina-y-excrementos-para-el-estudio-microbiologico-y-parasitario/*

- *http://www.juntadeandalucia.es/servicioandaluzdesalud/huvv/sites/default/files/docu mentos/toma-de-muestras-laboratorio-microbiologia.pdf Enero 2016*

- *http://kidshealth.org/es/parents/adenovirus-esp.html Julio de 2012*
- *http://kidshealth.org/es/parents/bronchiolitis-esp.html Enero 2014*

- *http://www.labtestsonline.es/tests/RSV.html?tab=2 19-02-2017*
- *https://www.medwave.cl/link.cgi/Medwave/Reuniones/PedSBA2005/3/2385 Abril 2005*

- *https://medlineplus.gov/spanish/flu.html NIH: Instituto Nacional de Alergias y Enfermedades Infecciosas https://espanol.cdc.gov/enes/flu/*
- *https://medlineplus.gov/spanish/ency/article/000616.htm 15-01-2017*
- *https://medlineplus.gov/spanish/ency/article/002223.htm 27-10-2014*
- *https://medlineplus.gov/spanish/ency/article/002224.htm 15-07-2015*
- *https://medlineplus.gov/spanish/ency/article/002357.htm 14-05-2017*
- *https://medlineplus.gov/spanish/meningitis.html 23-05-2017*
- *https://medlineplus.gov/spanish/pneumonia.html; NIH: Instituto Nacional del Corazón, los Pulmones y la Sangre*
- *https://medlineplus.gov/spanish/ency/article/000145.htm 22-06-2015*

- *https://medlineplus.gov/spanish/ency/article/000616.htm 15-01-2017*
- *https://medlineplus.gov/spanish/druginfo/meds/a610017-es.html 15-11-2016*
- *https://medlineplus.gov/spanish/ency/article/000607.htm 31-07-2016*

- *http://www.murciasalud.es/preevid.php?op=mostrar_pregunta&id=18301&idsec=4 53 13-07-2010*
- *http://revista.isciii.es/index.php/bes/article/viewFile/62/61 instituto salud Carlos iii año 2009*

- *https://www.seimc.org/contenidos/documentoscientificos/procedimientosmicrobiologi a/seimc-procedimientomicrobiologia1a.pdf del año 2003*
- *https://www.seimc.org/contenidos/ccs/revisionestematicas/bacteriologia/fenotm.pdf*

- *http://sintomastratamiento.com/dolor-enfermedad-trastorno/fiebre-faringoconjuntival-tratamiento-causas-sintomas-diagnostico-y-prevencion/ Diciembre de 2013*

- *www.sld.cu/galerias/doc/sitios/apua-uba/neumonia_neumococica._dr._dotres.doc Marzo de 2010*

- *http://www.vircell.com/enfermedad/20-legionella-pneumophila/ 22-09-2017*
- *http://www.vircell.com/enfermedad/5-Adenovirus/ 16-05-2017*
- *http://www.vircell.com/enfermedad/20-legionella-pneumophila/ 13-10-2017*
- *http://www.vircell.com/enfermedad/5-Adenovirus/ 23-05-2017*

- *http://www.who.int/mediacentre/factsheets/fs285/es/ Junio de 2016 (OMS)*
- *http://www.who.int/mediacentre/factsheets/fs331/es/ Noviembre de 2016 (OMS)*
- *http://www.who.int/gpsc/country_work/burden_hcai/es/ (An original article focusing on the HCAI endemic burden in developing countries was published online on 10 December 2010 in The Lancet)*

- *https://www.yumpu.com/es/document/view/14502632/concentradores-de-muestras-clinicas-miniconr-millipore año 2012*

Imágenes

- *https://accessmedicina.mhmedical.com/data/books/1532/ch126_fig-126-1.png*

- *https://www.alere.com/content/dam/web/alere-com/products/binaxnow/BinaxNOW_Spneumo_TestCard_imgA_545x545.jpg*
- *http://www.bebesymuchomas.com/blog/wp-content/uploads/2013/01/PRUEBAEXUDADO-POSITIVA-300x225.jpg*

- *http://www.biomerieux-diagnostics.com/sites/clinic/files/bionexia-strep-a-dipstick-positive-results.jpg*

- *http://1.bp.blogspot.com/-kQBlpqx0zDQ/T7kg7T4IYxI/AAAAAAAAALQ/W4dMh03EwJg/s1600/VRS_POSITIVO.JPG*
- *https://1.bp.blogspot.com/_iXNM_Ahn_ds/SDTr3GMT2kI/AAAAAAAABJA/VLbAgHAzkuA/s320/virus+sincitial+respiratorio.jpg*
- *http://4.bp.blogspot.com/_UeUI2xipc7Y/SayczfKkV6I/AAAAAAAAABs/R9_l840Son8/s320/9674.jpg*
- *http://2.bp.blogspot.com/-sWyMCvGayMY/UR0T8vzWy5I/AAAAAAAAC3g/jtFIojS4FQ8/s1600/web.jpg*
- *http://estaticos02.elmundo.es/elmundosalud/imagenes/2011/11/18/biociencia/1321636281_0.jpg*

- *http://f-soria.es/Inform_soria/Pruebas%20Rapidas%20Fichas%20tecnicas/Adenovirus%20respiratorio%20Test%20..pdf*

- *http://www.gettyimages.es/detail/foto/legionella-pneumophila-fotograf%C3%ADa-de-stock/157144339?esource=SEO_GIS_CDN_Redirect*
- *http://www.gettyimages.es/detail/foto/legionella-pneumophila-fotograf%C3%ADa-de-stock/157144339?esource=SEO_GIS_CDN_Redirect*
- *http://www.gibralfarma.com/images/iconds-*

- *http://img.medicalexpo.es/images_me/photo-g/67846-143679.jpg*
- *http://img.medicalexpo.es/images_me/photo-g/67564-10184173.jpg*
- *http://img.medicalexpo.es/images_me/photo-g/67846-143679.jpg*
- *http://img.medicalexpo.es/images_me/photo-g/68113-9227610.jpg*
- *http://img.medicalexpo.es/images_me/photo-g/68105-10204177.jpg*
- *http://img.medicalexpo.es/images_me/photo-g/67564-10184173.jpg*
- *http://img.medicalexpo.es/images_me/photo-g/68113-9227610.jpg*

- *https://i.ytimg.com/vi/0nAzaBzG0cw/maxresdefault.jpg*

- *https://image.slidesharecdn.com/meningitis-101024140112-phpapp01/95/meningitis-4-638.jpg?cb=1422548187*
- *https://image.slidesharecdn.com/estreptococcus-140701004213-phpapp01/95/estreptococcus-15-638.jpg?cb=1404175394*
- *https://image.slidesharecdn.com/adenovirusmedicalimagesforpowerpoint-140716233938-phpapp02/95/adenovirus-medical-images-for-power-point-1-638.jpg?cb=1405554017*

- *https://img.madreshoy.com/wp-content/uploads/2017/04/tubo.jpg*

- *http://www.needgoo.com/wp-content/uploads/2013/06/puncion-lumbar-1.jpg*

- *https://sanoysalvo.files.wordpress.com/2009/04/virusgripe.jpg*

- *http://www.sunbox.es/sites/default/files/envases-muest-solid-corpo_0.png*

- *https://thumbs.dreamstime.com/z/muestra-de-orina-18917228.jpg*

  http://virus.uc.cl/virus_respiratorios/influenza/imagenes/Figura1
- *resultados.pngttps://www.mja.com.au/sites/default/files/issues/187_01_020707/cha11 192_fm-2.jpg*